Manfred Mai

Jane Goodall – Ein Leben für die Schimpansen

Manfred Mai

JANE GOODALL

Hase und Igel®

Für Lehrkräfte gibt es zu diesem Buch
ausführliches Begleitmaterial beim Hase und Igel Verlag.

Bildnachweis
© Marla Friedman: S. 49
© iStockphoto – Manakin: S. 20
© Jane Goodall Institute – Michael Neugebauer: Cover
© mauritius images – Steve Bloom: S. 41; Steve Bloom Images / Joe McDonald: S. 34;
Minden Pictures / Suzi Eszterhas: S. 38; Science Source: S. 26;
Jurgen & Christine Sohns / FLPA / imageBROKER: S. 48;
ZUMA Press, Inc. / Alamy / Alamy Stock Photos: S. 80
© picture alliance – ASSOCIATED PRESS: S. 10, S. 56;
Everett Collection: S. 46, S. 54, S. 64
© Shutterstock – Akkharat Jarusilawong: S. 78; vitrolphoto: S. 83
© Wikimedia Commons – Tarzan of the Apes book cover: S. 17

Lektorat: Mira Fischer
Illustrationen: Marc Robitzky
Druck: Grafisches Centrum Cuno GmbH & Co. KG, Gewerbering West 27,
39240 Calbe (Saale), info@cunodruck.de

ISBN 978-3-86316-298-6
2. Auflage 2025

Inhalt

1. Kapitel

Die beste Art von Kindheit

Die berühmteste Schimpansenforscherin der Welt tat am 3. April 1934 in der kleinen Wohnung eines Londoner Mietshauses ihren ersten Atemzug. Kurz darauf schrie sie laut: „Huäääh! Huäääh! Huäääh!“ Dabei hatte sie wie alle Neugeborenen durchaus eine gewisse Ähnlichkeit mit den Menschenaffen, deren Verhalten sie später erforschte.

Ihre Eltern waren der Ingenieur und wenig erfolgreiche Autorennfahrer Mortimer Herbert Morris-Goodall und die Sekretärin Margaret Myfanwe Morris-Goodall, die von allen nur Vanne genannt wurde. Sie hatte viel Fantasie, dachte sich gern Geschichten aus und veröffentlichte mehrere Bücher. Ihrer ersten Tochter gaben die jungen Eltern den Namen Valerie Jane.

Jane erinnerte sich als Erwachsene gern an ihre Kindheit: „Wir waren keineswegs wohlhabend, aber Geld spielte keine große Rolle. Es machte nichts, dass wir uns kein Auto, ja nicht einmal Fahrräder leisten konnten oder teure Ferien im Ausland. Wir hatten satt zu essen, genügend Kleidung und wuchsen in Liebe mit viel Lachen und Spaß auf. Im Grunde erlebte ich die beste Art von Kindheit: Da jeder Pfennig zählte, waren Extras wie Eiscreme, eine Reise mit dem Zug oder ein Kinobesuch ein aufregender Hochgenuss, der geschätzt wurde und in Erinnerung blieb."

Als Jane etwa ein Jahr alt war, bekam sie von ihrem Vater einen großen Plüschschimpansen namens Jubilee geschenkt.

Die Freundinnen ihrer Mutter fanden diesen Affen völlig ungeeignet für ein kleines Mädchen. Sie meinten, das Stofftier würde Jane Angst machen und ihr Albträume verursachen. Doch das Gegenteil geschah: Jubilee wurde Janes absoluter Liebling und ihr ständiger Begleiter.

Schon früh beschäftigte sich Jane auch mit echten Tieren. Alles, was krabbelte, kroch, watschelte, hüpfte, lief oder flog, weckte ihr Interesse. Und wenn sie den Eindruck hatte, irgendein kleines Wesen sei in Not und brauche Hilfe, dann versuchte sie zu helfen. Als sie gerade achtzehn Monate alt war, fielen ihr im Garten ein paar Regenwürmer auf. Es war ein kühler Spätnachmittag im Oktober. „Die armen Würmer frieren bestimmt, wenn sie in der Nacht hier draußen bleiben müssen", dachte Jane. Also sammelte sie alle ein, trug sie ins Haus, legte sie ins Bett und deckte sie zu.

Später entdeckte ihre Mutter die Würmer. Sie schimpfte nicht mit Jane, sondern erklärte ihr ruhig: „Jane, den

Regenwürmern ist es in deinem Bett viel zu warm. Sie wohnen draußen im Garten und brauchen die Erde zum Leben. Wenn du sie hierbehältst, sterben sie."

Das wollte Jane natürlich nicht und brachte die Würmer schnell in den Garten zurück.

Auffallend war nicht nur Janes Interesse an allen Tieren, sondern ebenso ihre große Neugier. Als Kleinkind machte sie Ferien auf dem Bauernhof ihrer Großmutter. Umgeben von Tieren fühlte sie sich wohl an dem Ort, wo ihr Vater aufgewachsen war. Manchmal holte sie die frisch gelegten Eier aus dem Hühnerstall. Dabei fragte sich Jane: „Wo haben die Hühner eine Öffnung, die groß genug ist, um ein Ei herauszulassen?"

Um das Geheimnis zu lüften, hockte sich Jane still in eine Ecke des Stalles und wartete auf eine Henne. Die kleine Forscherin brauchte viel Geduld, denn es dauerte mehr als vier Stunden, bis endlich eine Henne hereinstolzierte. Sie scharrte kurz im Stroh und ließ sich dann auf ihrem Nest nieder. Jane rührte sich nicht, weil sie das Tier auf keinen Fall stören wollte. Nach einer Weile erhob sich die Henne ein wenig. Jane sah, wie ein Ei zwischen ihren Beinen hervorlugte und ins Stroh plumpste.

Von ihrer Familie wurde das Mädchen längst vermisst und überall gesucht. Sogar die Polizei war alarmiert worden. Plötzlich kam Jane freudestrahlend über den Hof gelaufen.

„Da ist sie ja!", rief jemand.

„Wo hast du denn gesteckt?", wollte ihre Mutter wissen.

„Bei den Hühnern."

„So lange?", fragte ihre Mutter verwundert. Obwohl sie sich große Sorgen gemacht hatte, schimpfte sie nicht. Denn sie sah an den leuchtenden Augen, dass ihre Tochter etwas Schönes erlebt haben musste, und ließ Jane erzählen.

Staunend hörte sie zu und fasste später alles so zusammen: „Als wir zum Haus gingen, dunkelte es bereits. Ich hielt Jane fest an der Hand. Fast fünf Stunden hatte sie in einem engen, stickigen Hühnerstall gehockt, doch für sie hatte es sich gelohnt. Sie hatte ihr erstes Tierforschungsprogramm erfolgreich abgeschlossen, indem sie beobachtet hatte, wie ein Huhn ein Ei legt."

Jane und ihre Mutter Margaret (Vanne)

An ihrem vierten Geburtstag bekam Jane eine Schwester, die auf den Namen Judith Daphne getauft und Judy gerufen wurde.

Ein Jahr später zog die Familie nach Frankreich. Der Vater hoffte, dort als Rennfahrer mehr Erfolg zu haben. Außerdem wollte er, dass Jane und Judy die französische Sprache lernten und diese bereits im Kindesalter fließend sprachen.

Doch schon nach ein paar Monaten veränderte die große Politik alles: Auf Befehl Adolf Hitlers besetzten deutsche Soldaten die Tschechoslowakei. Und Hitler ließ keinen Zweifel daran, dass er noch mehr Länder erobern wollte. Da beschlossen die Eltern von Jane und Judy, so schnell wie möglich wieder nach England zurückzukehren.

Am 1. September 1939 marschierten deutsche Soldaten in Polen ein. England und Frankreich hatten mit Polen einen Bündnisvertrag geschlossen und erklärten Deutschland am 3. September den Krieg, der dann zum Zweiten Weltkrieg wurde.

Mortimer Morris-Goodall meldete sich sofort freiwillig zum Militär. Seine Frau zog mit den beiden Töchtern zu ihrer Mutter nach *The Birches* (der „Birkenhof"), ein rotes Backsteinhaus in Bournemouth. Dort fühlten sie sich erst mal sicher. Im Haus lebten auch zwei Tanten der Mädchen und am Wochenende kam meistens ihr Onkel Eric zu Besuch. Er arbeitete als Arzt in einem

Londoner Krankenhaus. Und kurz nach Kriegsbeginn bot die Familie noch zwei alleinstehenden Frauen ein neues Zuhause, weil sie ihres verloren hatten.

Das unumstrittene Oberhaupt der Familie war die Großmutter, deren Mann, ein Pfarrer, schon vor Janes Geburt gestorben war. Die starke, selbstbewusste Frau hatte einen eisernen Willen und ein großes Herz. Wenn es Streit gab, wollte sie den unbedingt schlichten, bevor sie zu Bett ging. „Lasset die Sonne nicht über eurem Zorn untergehen", zitierte sie dann einen Satz aus der Bibel. Und zu Jane sagte sie einmal: „Wie schrecklich wäre dir zumute, wenn er oder sie sterben würde, ehe du die Sache geklärt hättest, ehe du um Verzeihung bitten konntest." Das hat sich Jane sehr zu Herzen genommen.

Der Birkenhof wurde zu Janes neuer Heimat, hier verbrachte sie die nächsten dreizehn Jahre. Am liebsten hielt sich das Mädchen im großen Garten hinter dem Haus auf. Er war für sie ein magischer Ort, in dem allerlei Geister und wilde Wesen lebten. Stundenlang beobachtete sie dort die Tiere und dabei wuchs ihre Liebe zur Natur.

Zum besten Freund und treuen Begleiter auf ihren Streifzügen wurde Rusty, ein schwarzer Mischling mit einem weißen Fleck auf der Brust. Jane hielt den Hund für sehr intelligent und war überzeugt, dass er Gefühle hatte, sich freuen und traurig sein konnte, genau wie Menschen.

Neben Rusty gehörten immer wieder auch andere Tiere zur Familie: einige Katzen, zwei Meerschweinchen, ein Goldhamster, ein paar Schildkröten und ein Kanarienvogel namens Peter. Außerdem hielten Jane und Judy einige Zeit zwei „Rennschnecken“. Diesen Schnecken malten sie mit Farbe eine Zahl aufs Haus und ließen sie gegeneinander antreten. Dabei brauchten die Mädchen viel Geduld, denn so ein „Rennen“ über einen oder zwei Meter konnte lange dauern.

2. Kapitel

Der große Traum

Mit sechs Jahren begann für Jane der sogenannte „Ernst des Lebens“: die Schule. Und anfangs tat sich das fantasievolle Mädchen schwer mit dem, was es im Unterricht lernen sollte. Bald hatte Jane keine Lust mehr, zur Schule zu gehen. In den oft quälend langen Unterrichtsstunden sehnte sie sich hinaus in die Natur und träumte von Abenteuern mit Tieren.

Trotzdem lernte Jane lesen, schreiben, rechnen und noch manches andere. Am meisten strengte sie sich an, wenn es um Buchstaben, Wörter und Sprache ging. Es war zwar schön, von den Erwachsenen vorgelesen zu bekommen, aber nun konnte sie es kaum erwarten, selbst in den vielen Büchern zu lesen, die es im Haus gab.

Zu ihrem ersten Lieblingsbuch wurde *Doktor Dolittle und seine Tiere*. Der Doktor behandelt in der Geschichte neben Menschen auch Tiere und lernt von seinem Papagei ihre Sprache. Er nimmt immer mehr kranke Tiere bei sich auf und bald kommen keine Menschen mehr in seine Praxis. Als bei den Affen in Afrika eine Krankheit ausbricht, macht sich der Doktor mit seinen Tieren auf den Weg, um ihnen zu helfen. Dieses Buch hat Jane so oft gelesen, dass sie es schließlich auswendig konnte.

Auch die Geschichten von dem indischen Jungen Mogli, der von Wölfen aufgezogen wird und mit ihnen lebt, faszinierten Jane. Beim Lesen wurde sie selbst zu Mogli und durchstreifte den Dschungel mit den Tieren.

Doch in Janes Welt drang der Krieg immer mehr ein. Nachts gab es häufig Fliegeralarm. Dann mussten alle schnell aus den Betten und in den kleinen Luftschutzbunker, wo sie eng zusammengedrängt hockten. Dort hörten sie das Dröhnen der deutschen Flugzeuge und die explodierenden Bomben. Zum Glück wurde der Birkenhof nie getroffen. Dennoch überschattete der Krieg auch das Leben in Bournemouth. Der Vater von Jane und Judy kämpfte als Soldat irgendwo in der Welt. In den sechs Kriegsjahren kam er nur selten für ein paar Tage nach Hause. Die Mädchen hatten in dieser langen Zeit also nicht wirklich einen Vater.

Die Versorgung mit all den Dingen des täglichen Lebens wurde ebenfalls schwieriger. Auf dem Birkenhof musste zwar niemand hungern, aber es gab immer weniger Lebensmittel. Und den Kinderohren blieb nicht verborgen, welche Grausamkeiten in diesem Krieg geschahen.

Jane dachte häufig darüber nach, warum Menschen andere Menschen bekämpfen, quälen und töten. Sie fragte sich, warum Gott zuließ, dass so viele Unschuldige leiden und sterben mussten. Und sie fragte sich, ob Tiere auch so mit ihren Artgenossen umgehen.

Bei Kriegsende, im Mai 1945, war Jane elf Jahre alt. Ein Jahr später ließen sich ihre Eltern scheiden. Für die Mädchen war das jedoch kein großer Einschnitt, denn sie hatten sich an das Leben ohne Vater gewöhnt.

Das Lernen in der Schule machte Jane nun Freude. Zu ihren Lieblingsfächern gehörten Sprache und Literatur, Geschichte, Religion und Biologie. Sie schrieb sogar selbst Geschichten und Gedichte. Und sie las viel. Wenn sie nicht mit Rusty durch die Gegend streifte und Tiere beobachtete, saß Jane oft auf ihrem Lieblingsbaum im Garten. Hoch oben in der Krone der mächtigen Buche las sie die Geschichten von Tarzan. Der verliert als Baby seine Eltern, wird von Affen aufgezogen und lebt mit ihnen zusammen. Er hat auch eine Gefährtin, die ausgerechnet Jane heißt. Die junge Jane verliebte sich bis über beide Ohren in den Herrn des Dschungels und war furchtbar eifersüchtig auf seine Partnerin.

Die Bücher über Tarzan faszinierten Jane noch mehr als *Doktor Dolittle und seine Tiere* und *Das Dschungelbuch*. Sie träumte von einem Leben im Urwald an der Seite Tarzans und war überzeugt, dass sie eine viel bessere Partnerin für ihn wäre als die andere Jane. Aus diesen Tagträumen erwuchs schließlich der Wunsch, später nach Afrika zu gehen und dort mit Tieren, am liebsten mit Affen, zusammenzuleben.

Wenn sie davon erzählte, wurde sie jedoch von den meisten ausgelacht.

Die Freundinnen ihrer Mutter empfahlen: „Sag Jane, sie soll lieber von etwas träumen, das sie auch erreichen kann. So macht sie sich nur falsche Hoffnungen."

Manche meinten: „Das sind doch bloß Spinnereien. Wenn Jane erst mal erwachsen ist, hat sie keine so verrückten Ideen mehr."

Aber wie schon häufiger reagierte Vanne anders als die übrigen Erwachsenen auf Janes Tierliebe. Sie nahm den Wunsch ihrer Tochter ernst und ermunterte sie: „Wenn du etwas wirklich willst, musst du hart dafür arbeiten und jede Chance nutzen. Du darfst nie aufgeben, dann wirst du einen Weg finden und es schaffen."

Buchcover der Erstausgabe von Tarzan of the Apes, *1914*

3. Kapitel

Ein bedeutungsvoller Brief

Mit achtzehn Jahren bestand Jane das Abitur. Sie hätte gern Zoologie oder Biologie studiert, was mit ihren guten Noten möglich gewesen wäre. Doch die Familie hatte nicht genug Geld, um die Studiengebühren zu bezahlen. Also musste Jane eine Ausbildung beginnen. Aber für welchen Beruf?

Vanne schlug vor: „Wie wäre es mit einer Ausbildung zur Sekretärin? Sekretärinnen werden immer gebraucht."

„Sekretärin?", fragte Jane. „Dann muss ich ja den ganzen Tag in einem Büro sitzen. Du weißt doch, dass ich etwas mit Tieren machen möchte."

„Natürlich weiß ich das", erwiderte Vanne. „Aber so eine Ausbildung wäre eine gute Grundlage. Als Sekretärin könntest du überall auf der Welt Arbeit finden, weil alle Verwaltungen ähnlich organsiert sind."

„Wirklich überall auf der Welt?", hakte Jane nach.

Ihre Mutter nickte. „Vielleicht ergibt sich ja sogar mal eine Gelegenheit, nach Afrika zu kommen."

„Ich mach's!", entschied Jane. Auch wenn ihr diese Möglichkeit im Moment nicht besonders wahrscheinlich schien, war es auf jeden Fall besser, als in Bournemouth zu bleiben und irgendeine andere Ausbildung anzufangen.

Also meldete sich Jane in einer Sekretärinnenschule in London an. Den Unterricht fand sie ziemlich langweilig, aber das Leben in der Weltstadt gefiel ihr. Sie besuchte Kunstgalerien, ging in Konzerte und war oft im *Natural History Museum*, einem der größten naturhistorischen Museen der Welt. Und je mehr Neues sie sah und lernte, desto stärker wünschte sie sich eine bessere Ausbildung. Zumal sie wusste, dass einige ihrer Schulfreundinnen an Universitäten studierten, wie sie es auch gern getan hätte. Um die Zeit in London zu nutzen und sich weiterzubilden, belegte sie an einer Schule für Erwachsene mehrere kostenlose Abendkurse. Und sie las viel, vor allem Bücher über Tiere.

Nach zwei Jahren bestand Jane die Prüfung und war nun Sekretärin. Ihre erste Stelle bekam sie in der Praxis für Physiotherapie ihrer Tante Olly. Dort musste sie die Diagnosen und Therapievorschläge des Arztes mitschreiben und später abtippen. Das war eine eintönige Arbeit. Nach einem halben Jahr ging sie als Sekretärin an die berühmte Universität in Oxford. Sie blieb ein Jahr, dann wechselte sie wieder, diesmal zu einem Filmstudio in London. Jane war immer auf der Suche. Sie hoffte, endlich eine Stelle zu finden, die sie ihrem Traum näherbringen würde.

Ostafrikanische Briefmarke mit Giraffe und Königin Elisabeth II. aus den 1950er-Jahren

Am 18. Dezember 1956 brachte der Postbote einen Brief von ihrer besten Schulfreundin Clo, von der sie lange nichts mehr gehört hatte. Überrascht betrachtete Jane die Briefmarken und öffnete dann aufgeregt den Umschlag. Clo schrieb: *Meine Eltern haben in Kenia eine Farm gekauft. Willst du nicht zu Besuch kommen?* Jane las den Brief einmal, zweimal und ein drittes Mal, weil sie gar nicht glauben konnte, was da stand. Sie tanzte durchs Zimmer und jubelte vor Freude. Und ob sie kommen wollte! Am liebsten gleich morgen!

Doch die Fahrt mit dem Schiff nach Kenia kostete viel Geld. Das hatte Jane nicht. In London brauchte sie den größten Teil ihres Lohnes für Miete und Lebensmittel. Deswegen kündigte sie noch am selben Tag ihren Job beim Filmstudio und die Wohnung.

Sie ging zurück auf den Birkenhof, wo sie umsonst wohnen konnte. In einem Lokal in Bournemouth arbeitete sie als Kellnerin und sparte von ihrem Lohn so viel wie möglich. Nach fünf Monaten hatte Jane das Geld für die Reise beisammen. Endlich konnte sie nach Afrika fahren!

Natürlich war Jane traurig, von ihrer Familie und ihrer Heimat Abschied nehmen zu müssen und sich allein auf den Weg ins Unbekannte zu machen. Aber die Sehnsucht nach dem Kontinent ihrer Träume überwog alle anderen Gefühle.

Jane war dreiundzwanzig Jahre alt, als sie an der Reling des Passagierschiffs *Kenya Castle* stand und ihrer immer kleiner werdenden Mutter zuwinkte. Sie konnte es kaum fassen, dass die Reise nach Afrika tatsächlich begonnen hatte.

Ihre Kabine musste Jane mit fünf jungen Frauen teilen. Das war für sie kein Problem, denn wenn sie nicht schlief, hielt sie sich meistens an Deck auf. Sie wurde auch nicht seekrank wie viele andere, sondern genoss das Leben an Bord. Stundenlang beobachtete sie springende Delfine, fliegende Fische und ab und zu sogar einen Hai.

Drei Wochen dauerte die Fahrt, dann legte die *Kenya Castle* im Hafen von Mombasa an. Von dort ging es mit dem Zug weiter nach Nairobi, wo Jane von Clo und deren Eltern empfangen wurde. Nach einer herzlichen Begrüßung fuhren sie mit dem Auto zur Farm.

Unterwegs sah Jane eine Giraffe am Straßenrand stehen. Sie schaute mit großen Augen und offenem Mund zu ihr hoch. „Unglaublich“, murmelte sie. „Eine echte Giraffe.“

„Das ist hier nichts Besonderes", meinte Clo.

„Nichts Besonderes? Das ist …" Jane fehlten die Worte. Sie schaute der davongaloppierenden Giraffe hinterher. „Ich bin wirklich in Afrika", sagte sie fassungslos.

Clo lachte. „Ja, du bist in Afrika. Ich freu mich sehr, dass du gekommen bist!"

„Und ich erst", erwiderte Jane strahlend.

Ein paar Wochen wohnte Jane bei Clos Familie auf der Farm. Sie genoss die Zeit, in der sie viel Neues sah und hörte, vor allem wilde Tiere. Doch dann wollte sie nicht länger auf Kosten der Familie leben. Sie ging nach Nairobi, um als Sekretärin in der Filiale einer englischen Firma zu arbeiten. Die Stelle hatte ihr Onkel Eric durch seine Beziehungen schon vor der Abreise aus England besorgt. Die Arbeit langweilte sie zwar ein wenig, aber Jane verdiente genug Geld, um in Afrika bleiben zu können. Das war erst einmal das Wichtigste. Früher oder später würde sich hier bestimmt eine Gelegenheit ergeben, mit Tieren zu arbeiten. Das hoffte Jane nicht nur, davon war sie überzeugt.

Jane lebte noch nicht lange in Nairobi, da wurde sie zu einer Party eingeladen. Dort erzählte sie von ihrem Wunsch. Ein Mann gab ihr den Tipp: „Wenn Sie an Tieren interessiert sind, sollten Sie Louis Leakey kennenlernen."

„Louis Leakey, wer ist das?", fragte Jane, die den Namen noch nie gehört hatte.

„Ein berühmter Wissenschaftler“, antwortete der Mann. „Er erforscht das Leben unserer Vorfahren und leitet das Museum für Naturgeschichte hier in Nairobi.“

„Und wie soll ich den kennenlernen?“, fragte Jane. „Ich kann doch nicht einfach zum Museum fahren, bei ihm anklopfen und sagen: Da bin ich.“

„Vorher anrufen würde ich schon“, entgegnete der Mann augenzwinkernd.

Das tat Jane und vereinbarte tatsächlich einen Termin mit dem berühmten Paläoanthropologen.

Der empfing sie in seinem Büro, das auf den ersten Blick völlig chaotisch wirkte. Überall stapelten sich Bücher und Papiere. Fossile Knochen, Zähne und Steinwerkzeuge lagen durcheinander. Louis Leakey führte Jane durch das Museum und stellte ihr dabei Fragen zu den ausgestellten Objekten. Weil Jane seit Jahren eine Menge über Afrika und die dortige Tierwelt gelesen hatte, konnte sie die meisten Fragen beantworten.

Leakey war beeindruckt. Dass eine junge Frau aus England so viel wusste, ohne studiert zu haben, überraschte ihn. Und dass sie wegen ihrer Tierliebe die abenteuerliche Reise nach Afrika auf sich genommen hatte, fand er mehr als nur erstaunlich. So jemanden konnte er gut gebrauchen. Spontan bot er Jane an, seine Privatsekretärin zu werden – und sie sagte hocherfreut zu.

4. Kapitel

Sehr viel Geduld

Durch ihre Arbeit im Museum lernte Jane die Tiere von Ostafrika kennen. Und sie lernte nebenbei eine ganze Menge über die verschiedenen Stämme der schwarzen Bevölkerung, vor allem über die Kikuyu. Denn Leakeys Vater war Missionar gewesen und hatte seinen Sohn wie einen Kikuyu-Jungen aufwachsen lassen. Deswegen wusste Leakey mehr über die Sitten und Bräuche dieses Stammes als jeder andere Weiße. Er schrieb darüber gerade ein Buch, das er Jane diktierte.

Als sie damit fertig waren, wartete auf Jane ein erstes Abenteuer: Zusammen mit einer weiteren englischen Mitarbeiterin des Museums namens Gillian Trace durfte sie Louis Leakey und seine Frau Mary zu Ausgrabungen in die Olduvai-Schlucht begleiten. Diese Schlucht liegt im Norden von Tansania mitten im Savannengebiet der Serengeti, ist rund vierzig Kilometer lang und bis zu hundert Meter tief. Seit einiger Zeit fuhren die Leakeys jedes Jahr für drei Monate hierher, um nach Fossilien zu suchen. Sie hatten auch schon Knochen längst ausgestorbener Tierarten und sogar Steinwerkzeuge gefunden, aber noch keine Gebeine unserer frühen Vorfahren. Doch sie waren überzeugt, dass unter der

Erde welche lagen. Die wollten sie unbedingt finden und so beweisen, dass Afrika die Wiege der Menschheit ist.

Das Graben in der heißen Sonne war harte Arbeit. Zuerst musste die oberste Erdschicht mit Spitzhacken und Schaufeln abgetragen werden. Dabei halfen ein paar dafür engagierte Männer mit. Wurde die Fossilienschicht sichtbar, stocherten und kratzten die Leakeys, Jane und Gillian mit Messern und feineren Werkzeugen, ja sogar mit Zahnstochern in der Erde, um mögliche Fundstücke nicht zu beschädigen.

Nach der Arbeit streiften Jane und Gillian manchmal noch durch die Schlucht, wenn sie dafür nicht zu müde waren. Einmal begegneten sie einem Nashorn, das sie bemerkte, kräftig schnaubte und angriffslustig mit den Beinen stampfte. Es hob den Kopf, schnüffelte und spähte mit seinen kleinen Äuglein umher, konnte die beiden Frauen aber nicht sehen und trabte davon.

„Ich hab ganz weiche Knie", flüsterte Jane.

Gillian nickte nur.

„Und mein Herz hämmert wie verrückt."

„Meines auch."

„Gott sei Dank sind Nashörner sehr kurzsichtig …", sagte Jane.

„Ich will mir gar nicht vorstellen, was sonst hätte passieren können", murmelte Gillian.

Ein andermal wurden sie von zwei jungen Löwen verfolgt, die immer näher kamen. Im ersten Moment wollte

Louis Leakey bei der Arbeit

Gillian weglaufen, doch Jane hielt sie fest. Obwohl auch sie am liebsten losgerannt wäre, sagte ihr eine innere Stimme, das sei falsch. „Wir dürfen nicht weglaufen. Wir gehen langsam weiter und klettern dort hinauf“, flüsterte sie ihrer Begleiterin zu und deutete nach oben zu einer Hochebene.

„Aber wenn …“

„Nicht mehr reden“, sagte Jane nur und ging mit Gillian vorsichtig weiter.

Immer wieder schielten sie ängstlich nach hinten. Die Löwen folgten ihnen bis zum Abhang. Als Jane und Gillian hinaufstiegen, schauten ihnen die Löwen noch eine Weile zu, dann trollten sie sich.

Später erzählten die Frauen im Lager von ihrem Erlebnis. Louis Leakey war wieder einmal beeindruckt von Janes Verhalten. „Zum Glück seid ihr nicht gerannt, sonst hätten euch die jungen Löwen höchstwahrscheinlich gejagt", sagte er. „Nicht unbedingt, um euch zu töten, sondern aus reinem Spieltrieb. Aber was für sie ein Spiel gewesen wäre, hätte für euch tödlich enden können." Alle waren sehr froh, dass die Begegnung mit den beiden Löwen gut ausgegangen war.

Gespräche mit Louis Leakey wurden für Jane zunehmend wichtiger. Er freute sich über ihr großes Interesse und erzählte ihr mehr als anderen Mitarbeitern von dem, was ihn beschäftigte. Dazu gehörte die Frage, ob Wissenschaft und Religion unvereinbar seien, wie manche behaupteten. Leakey hielt diese Auffassung für falsch.

„Ein Wissenschaftler kann sehr wohl ein gläubiger Mensch sein", sagte er.

„Auch wenn er die Evolutionstheorie für richtig hält?", fragte Jane.

„Ja", antwortete Leakey. „Auch wer überzeugt ist, dass die Lebewesen auf unserem Planeten nicht alle von einem Schöpfer geschaffen wurden, sondern sich in einem langen Prozess Schritt für Schritt entwickelt haben bis hin zum Menschen, kann an einen Gott glauben."

„Für mich trifft das zu", sagte Jane.

Leakey lächelte und nickte. „Für mich auch."

Die Frage, wie diese Entwicklungsschritte ausgesehen haben, wie also aus unseren Urahnen Menschen wurden, beschäftigte Leakey ganz besonders. „Durch viele Knochenfunde haben wir eine gute Vorstellung davon, wie groß unsere Vorfahren waren, wie sie ausgesehen und sich bewegt haben. Sogar was sie gegessen haben, können wir anhand des Zustands von gefundenen Zähnen mehr als nur vermuten. Aber wie sie miteinander umgegangen sind, wie sie sich verhalten haben, das können wir aus all den Funden nicht erschließen. Verhalten versteinert nun einmal nicht. Leider", stellte er bedauernd fest.

Doch genau das interessierte ihn am meisten. Und er hatte auch eine Idee, wie man das erforschen konnte: Schimpansen und Menschen haben gemeinsame Vorfahren. Deswegen stimmt ihr Erbgut zu großen Teilen überein, manche sagen sogar: zu neunundneunzig Prozent. Daher müsste es auch ähnliche Verhaltensweisen geben. Man bräuchte also nur Schimpansen zu beobachten, dann könnte man zumindest Rückschlüsse auf das Verhalten der ersten Menschen ziehen. Diese Beobachtungen sollten aber unbedingt im natürlichen Lebensraum der Tiere stattfinden.

„Hat denn noch niemand versucht, das zu tun?“, fragte Jane, als Louis Leakey wieder einmal davon redete.

Er schüttelte den Kopf.

„Warum nicht?“

„Weil es sehr schwierig ist“, antwortete Leakey. „Der Lebensraum von Schimpansen ist weit abgelegen in der Wildnis. Dort leben auch gefährliche Raubtiere. Und die Schimpansen selbst könnten ebenfalls aggressiv reagieren. Niemand weiß, wie sie sich verhalten, wenn ein Mensch sich ihnen nähert. Vielleicht greifen sie ihn an, vielleicht flüchten sie auch, weil sie sehr scheu sind.“

„Aber wenn niemand dorthin geht, werden wir es nie wissen“, erwiderte Jane.

Leakey nickte. „Ich glaube nicht, dass ein Wissenschaftler bereit wäre, monatelang in der Wildnis zu bleiben, fern von seiner Familie und seinen Freunden, ohne Kontakt zur Außenwelt. Und das auch noch in der ständigen Gefahr, verletzt oder gar getötet zu werden.“

Nach solchen Gesprächen war Jane innerlich aufgewühlt. Sie fühlte, dass genau das ihrem großen Traum entsprach: Im Urwald mit den Schimpansen zu leben – fast so wie Tarzan. Aber sie war ja keine Wissenschaftlerin. Also konnte sie die Aufgabe nicht übernehmen. Mehr als je zuvor bedauerte Jane, dass sie nicht studiert hatte.

Auch nachdem sie von den Ausgrabungen nach Nairobi zurückgekehrt waren, sprach Leakey öfter von den

Schimpansen. Eines Tages platzte Jane heraus: „Louis, ich wünschte, du würdest nicht immer davon reden, denn genau das würde ich für mein Leben gern machen!“

Er grinste breit. „Auf diese Reaktion habe ich schon eine Weile gewartet“, sagte er augenzwinkernd. „Was glaubst du denn, warum ich ständig von Schimpansen erzähle, wenn du dabei bist?“

Jane starrte ihn mit offenem Mund an.

Leakey fuhr fort: „Ich habe dich in den vergangenen Monaten genau beobachtet und bin überzeugt, dass du der Mensch bist, der diese schwierige Aufgabe meistern kann.“

„Aber … aber ich … ich bin doch keine Wissenschaftlerin“, stotterte Jane.

Er winkte ab. „Na und? Das ist in diesem Fall sogar ein Vorteil.“

„Warum?“

„Weil Wissenschaftler oft schon bestimmte Vorstellungen und Theorien im Kopf haben, die ihre Beobachtungen beeinflussen können“, antwortete er. „Du aber bist unvoreingenommen und hast genau die Fähigkeiten, die man für so eine Aufgabe braucht: Du bist mutig, offen für Neues und lernst schnell, du liebst Tiere und vor allem hast du viel Geduld. Und Geduld wirst du brauchen, sehr viel Geduld.“

5. Kapitel

Die Wende

Jane hätte sich am liebsten gleich auf den Weg zu den Schimpansen gemacht. Aber das ging natürlich nicht. Zuerst einmal musste Leakey Geld für das Forschungsprogramm auftreiben. Denn Jane sollte sechs Monate im Naturreservat Gombe Stream im heutigen Tansania am Ostufer des Tanganjikasees leben und brauchte dafür eine Ausrüstung, die richtige Kleidung, ein kleines Boot und Lebensmittel. Und sie brauchte eine Erlaubnis der Behörden, dort forschen zu dürfen. Das wurde abgelehnt. Man wollte eine junge Engländerin nicht allein in der Wildnis leben und forschen lassen.

Während Leakey versuchte, all die Probleme zu lösen, reiste Jane zurück nach England. In ihrer Heimat bereitete sie sich so gut wie möglich auf die bevorstehende Aufgabe vor. Sie las alles, was sie über Schimpansen finden konnte, und beobachtete die beiden Schimpansen im Londoner Zoo. Die Tiere in ihren kleinen Betonkäfigen taten Jane leid. Sie schwor sich, ihnen eines Tages zu helfen.

Inzwischen war es Leakey gelungen, das Geld zu bekommen. Doch bei der Behörde war er bloß zum Teil erfolgreich. Durch sein hartnäckiges Verhandeln hatte er erreicht, dass Jane der Aufenthalt in Gombe erlaubt wurde – allerdings nicht allein, sondern nur in Begleitung einer erwachsenen europäischen Person. Wer konnte dazu bereit und dafür geeignet sein, ohne Jane in irgendeiner Weise zu beeinträchtigen? Die brauchte nicht lange zu überlegen und fragte ihre Mutter. Vanne war überrascht und musste darüber nachdenken. Sie hatte ihre Tochter immer ermutigt und unterstützt – und ließ sie auch jetzt nicht im Stich. Jane freute sich riesig, als ihre Mutter einwilligte, mit ihr nach Gombe zu gehen und wenigstens in den ersten Monaten bei ihr zu bleiben.

Nach einer abenteuerlichen Reise kamen sie in Kigoma am Tanganjikasee an. Dort luden sie alles auf ein großes Motorboot (auch ihr eigenes kleines Boot) und fuhren damit in Begleitung des Wildhüters David Anstey und ihres afrikanischen Koches Dominic am 16. Juli 1960 in nördlicher Richtung nach Gombe.

„Kneif mich mal!“, bat Jane ihre Mutter.

Die kniff Jane liebevoll in den Arm.

„Es ist also kein Traum.“

„Nein, es ist kein Traum, wir fahren wirklich nach Gombe“, sagte Vanne.

Jane schaute hinauf zu den bewaldeten Hügeln und konnte kaum glauben, dass sie tatsächlich auf dem Weg zu den Schimpansen war, die dort oben zwischen den Bäumen lebten.

Nach etwa einer Stunde erreichten sie ihr Ziel, legten am Ufer an und entluden das Motorboot. Dann stellten sie das größere Zelt für Jane und ihre Mutter und das kleinere für Dominic auf. Daneben errichteten sie noch eine Küche aus vier Pfosten und einem Strohdach.

Kaum waren sie damit fertig, stieg Jane den bewaldeten Hang gegenüber dem Lagerplatz hinauf. Oben setzte sie sich auf einen Felsblock und schaute ins Tal und hoch zum blauen Himmel. Sie atmete tief ein, roch den Duft von sonnenverbranntem Gras, von trockener Erde und von reifen Früchten – den Duft von Gombe. Sie hörte die Stimmen verschiedener Tiere, das Zwitschern vieler Vögel und das Rascheln der Blätter. Schon am ersten Tag hatte Jane das Gefühl, dass sie in diese Welt gehörte, dass hier ihr Platz war. Sie kam sich vor wie im Paradies.

Nach ein paar Tagen verließ David Anstey das Lager. „Versprich mir, nicht allein in den Bergen herumzuklettern, solange du dich dort noch nicht auskennst", sagte er beim Abschied.

„Versprochen."

„Du weißt ja, dass in Gombe viele Gefahren lauern", fügte er hinzu.

Jane nickte.

„Deswegen werden Adolf und Rashidi dich begleiten, jedenfalls in der ersten Zeit", sagte David Anstey.

Adolf war einer der Wildhüter und Rashidi ein Einheimischer. Beide kannten sich in Gombe gut aus und zeigten Jane, was sie bei ihren Ausflügen beachten sollte und wo sie am ehesten Schimpansen finden konnte.

Jane lernte schnell, sich in der Wildnis zu orientieren. Sie beobachtete das Verhalten der Tiere und kannte bald deren Wege und Wanderungen.

Mehrmals kam es zu Begegnungen, die schlimm hätten enden können, zum Beispiel mit einem Leoparden, einem Büffel und einer Wasserkobra. Doch Jane wurde nicht angegriffen. Sie vertraute stets auf den Schutz Gottes und auf ihren Instinkt im Umgang mit Tieren.

Ruhender Leopard

Sorgen bereitete Jane vor allem, dass die Schimpansen sofort flüchteten, wenn sie sich ihnen nur näherte. Mehr als ein paar davonhuschende Schatten in den Bäumen bekam sie in den ersten sechs Wochen nicht zu sehen. Und dann erkrankten die beiden Frauen auch noch an Malaria. Weil man ihnen gesagt hatte, in Gombe gebe es diese Krankheit nicht, hatten sie keine Medikamente dagegen mitgenommen. Das rächte sich jetzt. Tagelang lagen Jane und ihre Mutter auf den Feldbetten und litten unter Fieberschüben und Schüttelfrost. Beide waren zu schwach, um aufzustehen. Dominic kümmerte sich um sie, so gut er konnte.

Als Jane wieder in der Lage war, klar zu denken, bekam sie Angst, nichts Neues über das Leben der Schimpansen herauszufinden und Louis Leakey zu enttäuschen. Deswegen machte sie sich auch gleich auf die Suche, sobald es ihr besser ging. Schon am frühen Morgen stieg sie den Hang gegenüber dem Lager hinauf. Weil sie noch etwas schwach auf den Beinen war, musste sie viele Pausen einlegen. Auf einer runden Felskuppe hundertfünfzig Meter über dem See ließ sie sich erschöpft nieder. Während Jane sich ausruhte, hörte sie plötzlich Rufe. Rufe, die nach Schimpansen klangen. Rasch nahm sie ihr Fernglas und entdeckte auf einem Feigenbaum tatsächlich ein paar Schimpansen. Aufgeregt beobachtete Jane, wie sie sich von Ast zu Ast schwangen und Blätter fraßen. So nah war Jane ihnen noch nie gekommen, und sie flohen auch jetzt nicht. Als sie schließlich weiterzogen, machte sich Jane sofort auf den Weg zurück zum Lager, um ihrer Mutter die Neuigkeit zu berichten.

6. Kapitel

Eine sensationelle Entdeckung

Mit neuem Mut stürzte sich Jane nun regelrecht in ihre Arbeit. Jeden Morgen stand sie um 5.30 Uhr auf, frühstückte schnell etwas und stieg zu der Felskuppe hoch. Dort versteckte sie sich nicht, sondern setzte sich auf einen freien Platz und wartete. Dabei musste sie oft an Louis Leakeys Satz denken: „Geduld wirst du brauchen, sehr viel Geduld."

Dass sie außergewöhnlich geduldig war, hatte Jane ja schon als kleines Mädchen im Hühnerstall ihrer Großmutter bewiesen. Ohne diese Fähigkeit hätte sie in Gombe wohl keine Schimpansen gesehen.

Wenn dann irgendwann welche auftauchten, näherte sich Jane ihnen nicht, sondern blieb ruhig sitzen. So signalisierte sie ihnen, dass sie keine Bedrohung war. Und um die Tiere nicht durch unterschiedliche Farben ihrer Kleidung zu verunsichern, zog Jane immer gleichfarbige helle Hosen und Hemden an. Durch ihr kluges Handeln erfuhr sie jeden Tag etwas Neues über das Leben der Schimpansen. Und die gewöhnten sich allmählich an das seltsame Wesen, das auf der Felskuppe saß.

Bald fielen Jane einzelne Tiere durch ihr Aussehen oder ihr Verhalten auf. Da war ein kräftiges Männchen, das sie wegen seines silbergrauen Bartes David Greybeard nannte. Es war häufig in Begleitung eines älteren Schimpansen, dem sie den Namen Goliath gab – schon bevor sie erkannte, dass er das ranghöchste Männchen in der Horde war. Ein anderer schien ihr griesgrämig zu sein und immer Streit zu suchen. Ihn nannte sie Mr McGregor, weil er sie an den griesgrämigen alten

Schimpansenmutter säugt ihr Junges

Gärtner aus dem Kinderbuch *Die Geschichte von Peter Hase* erinnerte. Eine Schimpansin hatte drei Kinder, die sie liebevoll umsorgte. Die Mutter bekam den Namen Flo, die Kinder wurden zu Fifi, Figan und Faben.

Außerdem lebte in der Horde eine Schimpansin, die niemand zu mögen schien. Sie war oft fies zu den Weibchen, vor allem zu denen, die Kinder hatten. Auch ihr und allen anderen gab Jane mit der Zeit einen Namen. Das hatte vor ihr noch niemand getan. Wenn Schimpansen gekennzeichnet wurden, dann mit Nummern. Aber für Jane waren sie keine Nummern, sondern einzigartige Persönlichkeiten mit besonderen Eigenschaften, mit Gefühlen und Verstand – wie die Menschen auch.

Für Jane war jeder Tag interessant und brachte ihr neue Einblicke. Trotzdem gelang ihr noch nicht *die* Entdeckung, die sie Louis Leakey melden konnte und die es ihr ermöglichen würde, länger in Gombe zu bleiben. Dabei rückte das Ende ihrer auf sechs Monate begrenzten Forschungserlaubnis langsam näher.

Am 4. November 1960 durchstreifte Jane am Morgen drei Täler, ohne auch nur einen einzigen Schimpansen zu sehen. Frustriert und erschöpft machte sie mittags auf einer Anhöhe Rast. Da bemerkte sie in etwa vierzig Metern Entfernung eine dunkle Gestalt. Schnell griff Jane nach ihrem Fernglas und erkannte David Greybeard. Er setzte sich auf einen roten Termitenhügel.

„Warum tut er das?“, wunderte sich Jane.

Leise ging sie ein wenig näher heran und sah, dass der Schimpanse etwas in der Hand hielt – einen Grashalm. Den stieß er in den Hügel, wartete eine Weile, zog ihn vorsichtig heraus und nahm ihn in den Mund.

„Was macht er denn da?“, fragte sich Jane und wurde ganz aufgeregt.

David Greybeard stieß den Halm erneut in den Hügel, wartete wieder eine Weile, zog ihn heraus und führte ihn zum Mund.

Dann warf er den Grashalm weg, riss einen neuen ab und alles wiederholte sich. Am liebsten hätte Jane gejubelt, wäre zu David Greybeard gelaufen und ihm um den Hals gefallen. Aber sie blieb regungslos stehen, obwohl sie vor Freude beinahe platzte.

Nachdem der Schimpanse sich entfernt hatte, ging Jane zu dem Termitenhügel und entdeckte mehrere abgerissene Grashalme. Sie nahm einen Halm und stieß ihn in eines der vorhandenen Löcher. Als sie ihn wieder herauszog, hatten sich Termiten daran festgeklammert.

„Er hat tatsächlich Termiten geangelt“, murmelte Jane.

Wenig später beobachtete sie, wie ein anderer Schimpanse einen kleinen belaubten Zweig von einem Ast abbrach, die Blätter entfernte und ebenfalls in einem Termitenhügel nach Nahrung stocherte. Jane traute ihren Augen kaum, denn was sie sah, hatte noch kein Mensch gesehen: „Er hat nicht mit einem Grashalm geangelt, sondern mit einem Zweig, den er vorher bearbeitet hat. Das bedeutet, er hat ein Werkzeug hergestellt. Ein einfaches Werkzeug, aber ein Werkzeug!"

Schimpansen stochern mit Grashalmen in einem Termitenhügel

Das war eine Sensation. Bis dahin galt der Mensch nämlich als das einzige Geschöpf auf der Erde, das Werkzeuge herstellen und benutzen konnte.

Jane war überglücklich und machte sich eilig auf den Rückweg. Unten telegrafierte sie Louis Leakey sofort die

Neuigkeit. Der schrieb zurück: „Dann müssen wir jetzt entweder den Menschen oder den Werkzeugbegriff neu definieren – oder Schimpansen als Menschen akzeptieren."

Janes Beobachtungen passten manchen Wissenschaftlern und Theologen überhaupt nicht. Die junge Engländerin habe ja gar keine wissenschaftliche Ausbildung, hieß es aus den Reihen der Ersteren. Deswegen könne das, was sie angeblich gesehen habe, kaum als zuverlässige neue Erkenntnis anerkannt werden. Und Letztere weigerten sich zu akzeptieren, dass der Mensch nicht die einzigartige „Krone der Schöpfung" ist, sondern in den Schimpansen ziemlich nahe Verwandte hat. Doch die Fotos, die Jane vorlegen konnte, ließen die kritischen Stimmen zumindest leiser werden.

Viel wichtiger für Jane war, dass die *National Geographic Society* aufgrund ihrer Beobachtungen Geld für die Fortsetzung der Studien bewilligte. Die erfreuliche Nachricht erhielt sie von Louis Leakey gerade noch rechtzeitig, bevor ihre Mutter nach England zurückkehren musste. Die hatte nach ihrer Erholung von der Malaria unter einem Strohdach eine kleine Krankenstation eingerichtet. Mit Schmerztabletten, Hustensaft, verschiedenen Salben und Verbandszeug von ihrem Bruder Eric hatte sie begonnen, dort Einheimische zu behandeln, und wurde von ihnen „die weiße Medizinfrau" genannt. Weil es in der Gegend keinen Arzt gab, kamen die Menschen von weit her und waren für die Hilfe sehr dankbar. Selbst diejenigen, die anfangs misstrauisch gegenüber den „weißen Eindringlingen“ gewesen waren, fassten langsam Vertrauen. Nicht nur zu Vanne, sondern auch zu Jane. Das war für ihre weitere Arbeit von großer Bedeutung.

Vanne fiel es schwer, ihre Tochter in Gombe zurückzulassen. Aber trotz aller Liebe wollte sie ihr Leben nicht im Urwald verbringen. Auch für Jane war der Abschied nicht leicht. Doch sie wollte unbedingt bleiben, denn sie sah ihre Aufgabe noch nicht als erfüllt.

7. Kapitel

Wie Menschen

Vanne fehlte Jane. Trotzdem fühlte sie sich nicht einsam. Dazu war sie viel zu sehr beschäftigt. Tag für Tag erkundete sie die Berge und Wälder von Gombe. Und so drang sie immer tiefer in eine Welt ein, die vor ihr noch kein Mensch erforscht hatte – in die Welt der frei lebenden Schimpansen.

Jane war dankbar für jeden Augenblick, den sie hier verbringen durfte. Allmählich verschmolz sie mit ihrer neuen Heimat, wurde fast ein Teil des Waldes. Deswegen nahm sie vieles wahr, was für normale menschliche Sinne nicht wahrnehmbar ist. Auf diese Weise lernte sie täglich etwas über Tiere und Pflanzen dazu, auch wenn sie mal keine Schimpansen sah. Aber die interessierten sie natürlich am meisten. Und je mehr Jane über sie erfuhr, desto klarer wurde ihr, wie ähnlich sie uns Menschen sind.

Einmal fiel ihr ein Schimpanse auf, der auf dem Boden saß und dessen Gesicht aussah, als denke er über etwas nach. Plötzlich erhob er sich, schaute sich nach einem Büschel Gras um, wählte einen Halm aus, nahm ihn zwischen die Lippen und ging los. Jane folgte ihm in sicherem Abstand. Sie hatte den Eindruck, der Schimpanse laufe nicht einfach durch den Wald, sondern habe ein Ziel. Und tatsächlich stand er wenig später vor einem Termitenhügel und begann, Termiten zu angeln.

„Der angelt also nicht bloß Termiten, wenn er zufällig an einem ihrer Hügel vorbeikommt“, sagte Jane leise zu sich selbst. „Der hat das Angeln geplant.“ Wie immer schrieb Jane ihre Beobachtung in ein Notizbuch. Dabei stellte sie sich vor, wie der Schimpanse gedacht hatte: „Ich habe Appetit auf Termiten. Ich weiß, wo welche sind und wie ich sie bekommen kann. Dazu brauche ich einen Halm. Mit dem gehe ich dorthin und hole mir so viele, wie ich will.“

Wieder einmal hätte Jane am liebsten gejubelt. Denn was sie gerade gesehen hatte, war der Beweis dafür, dass Schimpansen logisch denken und vorausplanen konnten.

Das untermauerten dann auch weitere Beobachtungen: Schimpansen rissen Blätter von Bäumen und rollten sie so geschickt zusammen, dass sie damit Wasser aus hohlen Baumstümpfen schöpfen konnten. Und sie suchten geeignete Steine, die sie als Wurfgeschosse benutzten.

Schimpansen waren nämlich nicht nur friedlich, wie Jane selbst erleben musste. Einmal stellte sich ihr ein großer Schimpanse in den Weg und stieß einen lauten Schrei aus. Jane erschrak, aber wie immer in so gefährlichen Situationen blieb sie ruhig stehen. Da hörte sie hinter sich ein Geräusch, drehte den Kopf und sah einen

Jane beobachtet Schimpansen

zweiten Schimpansen. Fast gleichzeitig ließ sich ein dritter von einem Baum neben sie fallen. Alle drei hüpften, kreischten und fuchtelten wild mit den Armen. Jane ging langsam in die Hocke und machte sich so klein wie möglich, um zu zeigen, dass sie nicht gefährlich war. Das wirkte. Die Schimpansen wurden ruhiger, tappten noch kurz um Jane herum und verschwanden dann im Wald.

Hätte sie nicht so klug reagiert, wäre die Sache vermutlich ganz anders ausgegangen. Denn Jane hatte schon gesehen, wie Schimpansen Eindringlinge mit Steinen und abgebrochenen Ästen gewaltsam vertrieben. Und sie hatte beobachtet, wie die erwachsenen Tiere junge Buschschweine, Antilopenkitze und sogar Affenjunge jagten und töteten. Dabei war ihr aufgefallen, dass nur die Männchen jagten. Die Beute wurde dann in der Horde geteilt und gemeinsam verspeist. So konnte

Jane erstmals beweisen, dass Schimpansen sich nicht ausschließlich von Früchten, Pflanzen und Insekten ernähren, sondern auch das Fleisch größerer Tiere fressen.

Mit der Zeit lernte Jane die Schimpansen besser kennen und kam ihnen immer näher. Am nächsten kam sie David Greybeard. Er ließ es manchmal zu, dass Jane ihm folgte. Einmal ging sie schon in der Morgendämmerung zu dem Baum, auf dem er am Vorabend sein Schlafnest gebaut und allein übernachtet hatte. Als es heller wurde, kletterte David herab und bemerkte Jane. Er setzte sich auf den Boden und schien zu überlegen, was er nun tun sollte. Nach einer Weile erhob er sich und lief los. Jane hatte Mühe, ihm durch das dichte Unterholz zu folgen.

Auf einer Anhöhe blieb er stehen und rief in verschiedenen Lautstärken nach unten. Diese Rufe werden *Pant-Hoots* genannt und dienen der Verständigung in einer Horde. Aus dem Tal erhielt er eine mehrstimmige Antwort und machte sich auf den Weg zu seiner Gruppe, gefolgt von Jane. Unten wurde sie Zeugin, wie sich die Schimpansen freudig begrüßten. Am herzlichsten war die Begrüßung zwischen David und Goliath, die sich in die Arme fielen.

Jane beobachtete weitere Verhaltensweisen, die denen von uns Menschen ähnelten: Händchen halten, küssen, auf den Rücken klopfen. Aber wie wir Menschen sind auch Schimpansen nicht immer freundlich. Dann boxen, treten, schlagen sie und mobben einzelne.

Spielende Schimpansenjunge

Schimpansenjunge spielen Fangen, kitzeln einander und schlagen Purzelbäume. Mit runden Früchten spielen sie wie Menschenkinder mit Bällen. Und manchmal streiten sie sich auch.

Eines Tages erlebte Jane etwas, was sie sich immer erträumt hatte. Sie lag wieder einmal auf dem Waldboden und genoss es, Teil dieser Welt zu sein. Plötzlich wurde sie von herabfallenden Ästen aus ihren schönen Gefühlen und Gedanken gerissen. Dann landete noch eine reife Feige dicht neben ihrem Kopf. Ein wenig missmutig richtete sie sich auf und sah, wie David sich von einem Baum herabschwang, ein paar Schritte auf sie zuging und sich setzte. Sie spürte ihr Herz pochen und war sehr gespannt, was nun geschehen würde.

David legte sich hin, schob eine Hand unter den Kopf und blickte hinauf ins Blätterdach. Er wirkte völlig entspannt, fast so wie Jane kurz zuvor. Nach einer Weile erhob er sich und verschwand im Unterholz. Jane hatte Mühe, ihm zu folgen, und verlor ihn aus den Augen. Wenig später entdeckte sie ihn an einem Bach: David saß am Ufer, als hätte er auf sie gewartet. Jane setzte sich in etwa zwei Metern Entfernung neben ihn. Sie schaute David in die Augen und er erwiderte ihren Blick.

„Ich würde alles dafür geben“, dachte sie in diesem Moment, „wenn ich nur eine Minute lang mit seinen Augen und seinem Geist die Welt sehen könnte – wenn ich wüsste, was er denkt und fühlt.“

Als sich ihre Blicke trennten, sah Jane eine reife Ölpalmfrucht am Boden, nahm sie und hielt sie David auf der flachen Hand entgegen. Er schaute Jane mit seinen großen glänzenden Augen an und ergriff die Frucht. Aber er aß sie nicht, sondern ließ sie fallen. Dafür fasste er nach Janes Hand und drückte sie sanft.

Lebensgroße Bronzeskulptur The Red Palm Nut, Jane Goodall und David Greybeard *von Marla Friedman, 2017*

Jane war tief bewegt. Sie hatte mit David gesprochen, wenn auch ohne Worte. Doch sie hatte verstanden, was er ihr sagen wollte: „Ich weiß, warum du mir die Frucht gegeben hast. Ich möchte sie im Moment nicht, nur deswegen habe ich sie weggelegt. Aber ich mag dich auch."

Nachdem David fortgegangen war, blieb Jane lange am Ufer des Baches sitzen. In Gedanken erlebte sie das gerade Geschehene noch unzählige Male.

8. Kapitel

Jane wird berühmt

Jane berichtete Louis Leakey regelmäßig von ihren Beobachtungen und natürlich auch von der Begegnung mit David Greybeard.

Leakey war begeistert. „Ich habe ja immer gesagt, dass du die Richtige für diese Aufgabe bist", lobte er sie. „Es wird höchste Zeit, dass die Welt von deinen Erkenntnissen erfährt – und dass sie in der Wissenschaft ernst genommen werden!"

„Und wie soll das gehen?", fragte Jane.

„Du musst an einer Universität eine Doktorarbeit über deine Forschung schreiben", antwortete Leakey.

„Das kann ich nicht."

„Doch, das kannst du!"

„Aber ich … ich habe doch gar nicht studiert."

„Na und? Du hast für die Verhaltensforschung jetzt schon mehr geleistet, als die meisten Studenten je leisten werden", sagte Leakey. „Lass mich nur machen!"

Wieder einmal blieb er beharrlich und erreichte dank seiner guten Beziehungen zur Universität Cambridge, dass Jane mit einer Ausnahmegenehmigung als Doktorandin zugelassen wurde. Nach fünfzehn Monaten in Afrika machte sie sich auf den Weg zurück nach England. Einerseits freute sie sich, andererseits verließ sie Gombe und ihre Schimpansen nur sehr ungern, denn sie fürchtete, etwas Wichtiges zu verpassen.

Drei Jahre schrieb Jane an ihrer Doktorarbeit mit dem Titel *Das Verhalten der Schimpansen in freier Wildbahn*. Während dieser Zeit kehrte sie mehrfach nach Gombe zurück. Bei ihrer ersten Rückkehr nach längerer Abwesenheit war Jane gespannt, wie die Schimpansen reagieren würden, wenn sie wieder auftauchte. Als sie ins Lager kam, hatte sie Herzklopfen, weil sie fürchtete, die Tiere könnten sie vergessen haben. Doch es dauerte nicht lange, bis David Greybeard sich ihr näherte. Jane war sehr erleichtert und freute sich riesig.

Inzwischen hatte sich in der Fachwelt herumgesprochen, dass eine junge Engländerin seit fast zwei Jahren im Urwald bei den Schimpansen lebte und interessante Entdeckungen gemacht hatte. Um neue geografische Kenntnisse zu verbreiten, gab die *National Geographic Society* die Zeitschrift *National Geographic* heraus. Für dieses Magazin sollte Jane nun einen Artikel über ihre Forschungsarbeit in Gombe schreiben. Außerdem wurden Fotos benötigt, gute Fotos.

Dafür schickten die Herausgeber im Sommer 1962 den niederländischen Tierfilmer und Fotografen Hugo van Lawick nach Gombe. Jane war gar nicht begeistert.

Sie befürchtete, ein fremder Fotograf mit sperriger Ausrüstung könnte die Schimpansen erschrecken. Doch es kam anders. Einige Schimpansen näherten sich wie zuvor dem Lager, allen voran David Greybeard.

Hugo war ein großer Tierfreund. Er begleitete Jane bei ihren Ausflügen und konnte Aufnahmen von Schimpansen machen wie noch niemand vor ihm. Als er nach einiger Zeit wieder abreiste, war Jane ein wenig traurig. Sie hatte es genossen, jemanden um sich zu haben, der ihre Begeisterung für Tiere teilte. Bald spürte sie, dass Hugo ihr fehlte. Ihm schien es ähnlich gegangen zu sein, denn er kam gegen Ende des Jahres zurück und die beiden wurden ein Paar.

Inzwischen war der Artikel *Mein Leben unter wilden Schimpansen* in der Zeitschrift erschienen und hatte das „Schimpansenmädchen" in aller Welt zu einer kleinen Berühmtheit gemacht.

Im Dezember 1962 gelangen Hugo Aufnahmen von einem der beglückendsten Momente in Janes Leben: David war wieder einmal ins Lager gekommen und hielt nach Bananen Ausschau. Jane legte ein paar auf eine Kiste. David näherte sich und verspeiste eine. Da setzte sich Jane zu ihm, hob die Hände und berührte ihn. Er schüttelte sie nicht ab, wehrte sich nicht. Zum ersten Mal ließ er zu, dass sie ihn *groomte*. Sie durfte sein Fell reinigen und ihn lausen. Das hatte noch kein Mensch bei einem Schimpansen in freier Natur getan.

David Greybeard und Jane im Lager

Die Zeit bis 1965 war für Jane geprägt vom Wechsel zwischen dem Leben in Gombe und dem in Cambridge. Dort schrieb sie auf, was sie bisher über das Verhalten der Schimpansen herausgefunden hatte – und wie sie es herausgefunden hatte. Ihr Vorgehen könnte man „geduldige, teilnehmende, einfühlende Beobachtung" nennen. Aber genau das fanden die Professoren nicht wissenschaftlich. Als Wissenschaftler müsse man objektiv sein, sich an überprüfbare Fakten halten und Statistiken erstellen, in denen alle Schimpansen erfasst würden. Geschichten über Gefühle wie Freude, Trauer, Eifersucht, Wut und Mitleid seien nicht wissenschaftlich.

Für Jane war es ein ziemlicher Schock, als man ihr sagte, dass sie alles falsch gemacht habe. Sie hätte nun aufgeben oder noch einmal ganz neu und anders anfangen können. Doch weil sie von ihrer Methode überzeugt war, tat sie das nicht. Sie bemühte sich stattdessen, ihre Arbeit so zu schreiben, dass sie ihre Vorgehensweise nicht verleugnen musste, die Professoren sie aber dennoch akzeptierten. Schließlich gelang ihr der Kompromiss, ihre Doktorarbeit wurde angenommen. Jane bestand auch die Prüfung und erhielt den Doktortitel.

Im März 1964 hatten Jane und Hugo geheiratet. Und nach bestandener Prüfung ging das junge Paar wieder nach Gombe. Dort drehte Hugo im Auftrag der *National Geographic Society* nun einen Film über Janes Leben mit den wilden Schimpansen, der später auf vielen Fernsehsendern rund um den Globus lief. So wurde aus der „kleinen Berühmtheit" langsam eine weltbekannte und geachtete Frau.

Es gelang Jane, finanzielle Unterstützung von verschiedenen Stellen zu erhalten, um die immer noch sehr schlichte Forschungsstation auszubauen. Statt in Zelten lebten und arbeiteten die Forscher bald in festen Gebäuden. Und Jane bekam eine Assistentin. Nach kurzer Zeit reisten Studenten nach Gombe, um von Jane zu lernen und sie zu unterstützen.

Zu Beginn des Jahres 1967 wurde Gombe offiziell zum Forschungszentrum erklärt und Jane zur ersten

Hugo van Lawick und Jane hinter der Kamera

Direktorin ernannt. Weitere Mitarbeiter kamen hinzu. Das war auch nötig, denn am 4. März 1967 brachte Jane einen Jungen zur Welt, der Hugo Eric Louis getauft, von allen jedoch „Grub" genannt wurde. Die junge Mutter kümmerte sich intensiv und liebevoll um ihr Kind – so wie sie es bei den Schimpansenmüttern beobachtet hatte. Sie ließ Grub nie lange schreien und trug ihn anfangs überall mit sich herum.

Wichtig war, Grub vor den Schimpansen zu schützen. Die sind schließlich Jäger und jagen auch Affen. Und für wild lebende Schimpansen ist ein Menschenkind nur eine andere Art Affe. Also passten die Eltern immer gut auf ihren Sohn auf. Und wenn sie arbeiten mussten, betreute jemand den Jungen.

Bald entwickelte sich ein geregelter Tagesablauf: Vormittags war Jane in ihrem Haus am See, wertete die Berichte ihrer Mitarbeiter und Studenten aus, schrieb wissenschaftliche Abhandlungen und Konzepte für Vorträge, die sie zwischendurch irgendwo auf der Welt hielt. Die Nachmittage verbrachte sie mit Grub. Obwohl sie ihn über alles liebte, dachte sie manchmal wehmütig an die Zeit zurück, als sie allein durch die Wälder gestreift war und mit ihren Schimpansen jeden Tag etwas Neues erlebt hatte.

9. Kapitel

Schwierige Jahre

Die unterschiedlichen Tätigkeiten von Jane und Hugo brachten es mit sich, dass sie oft voneinander getrennt waren: Sie reiste für Vorträge nach Europa und in die USA, er drehte Tierfilme in anderen Teilen Afrikas. Außerdem gab es zunehmend Diskussionen und Streit, weil sie in wichtigen Lebensfragen unterschiedliche Vorstellungen hatten. Hugo war zum Beispiel gern in Gesellschaft vieler Leute und auf Partys. Jane dagegen liebte die Ruhe in den Wäldern und mochte Trubel nicht. Das führte schließlich dazu, dass sich das Paar 1974 scheiden ließ.

Grub blieb bei seiner Mutter in Gombe, wo er im schulfähigen Alter anfangs Fernunterricht erhielt. Doch das funktionierte nicht gut, sodass Jane ihn selbst unterrichtete. Auch das brachte nicht den gewünschten Erfolg. Da überließ sie das Lernen mit Grub jungen Menschen, die vor ihrem Studium ein praktisches Jahr in Gombe absolvierten.

Jane litt darunter, dass sie ihre Ehe nicht hatte retten können und Grub nicht in einer intakten Familie aufwuchs. Aber das war nicht ihr einziges Problem in dieser Zeit. „Die vier Jahre von 1974 bis 1977 waren das dunkelste Kapitel in der Geschichte von Gombe und für mich geistig und emotional eine der schwierigsten Zeiten meines Lebens", erinnerte sie sich später. Was machte Jane außer der Scheidung zu schaffen?

Eines Abends berichtete ein Mitarbeiter beim täglichen Austausch über die Beobachtungen Folgendes: „Wir wissen ja schon seit einiger Zeit, dass etliche Schimpansen sich aus der Kasakela-Gruppe gelöst und eine eigene Gruppe gebildet haben, die wir Kahama-Gruppe nennen. Diese hält sich vorwiegend in einem Tal weiter südlich auf und hat dort ihr Revier."

„Na und? Das ist doch nicht schlimm", meinte eine neue Kollegin.

„Nein", sagte der Mitarbeiter. „Und bisher kam es auch nur zu Drohgebärden, wenn sich Mitglieder beider Horden im Grenzgebiet der Reviere begegneten. Aber heute habe ich gesehen, dass sechs Mitglieder der Kasakela-Gruppe einen Schimpansen der Kahama-Gruppe gejagt und dann zehn Minuten lang verprügelt und gebissen haben. Erst als ihr Opfer stark blutend und wie tot auf der Erde lag, haben sie von ihm abgelassen."

Jane wollte die Geschichte zunächst nicht glauben. Doch es war nur der Anfang von Revierkämpfen der beiden Gruppen, die sich zu einem regelrechten Schimpansenkrieg entwickelten. Janes Mitarbeiter beobachteten, wie Schimpansen der einen Gruppe Mitgliedern der anderen auflauerten, wie sie einander verfolgten, wie sogar Mütter mit Jungen angegriffen und getötet wurden. Das konnte Jane nicht fassen. Sie wusste zwar, dass Schimpansen zuweilen lauthals stritten, wobei es auch mal Hiebe und Tritte gab. Aber meistens blieb es bei Drohgebärden. Deswegen hatte sie bisher angenommen, Schimpansen seien besser als Menschen. Jetzt gelangte sie zu der Überzeugung: „Wenn sie Schusswaffen und Messer hätten und wüssten, wie man damit umgeht, würden sie ohne Zweifel ebenso davon Gebrauch machen wie wir Menschen."

Die neuen Erkenntnisse bereiteten Jane großen Kummer. Trotzdem verschwieg sie der Öffentlichkeit nicht, dass ihre geliebten Schimpansen auch eine dunkle Seite haben und aggressiv bis zum Töten sein können.

Und es starben viele in diesem Schimpansenkrieg. Er dauerte insgesamt vier Jahre und fast alle Mitglieder der Kahama-Gruppe wurden umgebracht. Nur drei junge, kinderlose Schimpansinnen überlebten und durften in der Kasakela-Gruppe weiterleben.

In dieser schweren Zeit lernte Jane einen Mann kennen, der sozusagen ein Kollege war: Derek Bryceson.

Der gebürtige Engländer war Direktor der Nationalparks von Tansania und Mitglied des Parlaments. Dass er der einzige frei gewählte weiße Abgeordnete in einem Staat südlich der Sahara war, zeigt deutlich, wie sehr der Mann geschätzt wurde.

Derek war im Zweiten Weltkrieg Kampfpilot in der englischen Armee gewesen und abgeschossen worden.

Er hatte schwer verletzt überlebt, konnte aber ein Bein nicht mehr richtig bewegen und musste fortan mit einem Stock gehen. Das hinderte ihn allerdings nicht daran, weiterhin sehr aktiv zu sein.

Zuerst studierte Derek in Cambridge und machte seinen Abschluss in Landwirtschaft. Danach wollte er nicht in England bleiben, sondern mit seinen Kenntnissen in Afrika helfen. Zwei Jahre arbeitete er auf einer Farm in Kenia, dann auf einer Weizenfarm in der Nähe des Kilimandscharo in Tanganjika, das damals noch eine englische Kolonie war. Dort lernte er den Politiker Julius Nyerere kennen und kämpfte mit ihm für die Unabhängigkeit Tanganjikas.

1962 waren sie am Ziel. Nyerere wurde zum ersten Staatspräsidenten der Republik Tanganjika, der heutigen Vereinigten Republik Tansania, gewählt. Er ernannte Derek zum Minister für Landwirtschaft. Später war Derek auch Minister für das Gesundheitswesen, danach für Bergbau und Handel.

Jane und Derek verstanden sich gut, kamen sich schnell näher und heirateten am 14. März 1975. Auch nach der Hochzeit war Jane meistens in Gombe. Derek wohnte und arbeitete in Daressalam, dem Regierungssitz von Tansania. Das Ehepaar lebte also nicht immer zusammen, aber so oft wie möglich.

Als wäre der Schimpansenkrieg nicht schon schlimm genug gewesen, passierte am 19. Mai 1975 in Gombe etwas noch Schrecklicheres: In der Nacht kamen vierzig bewaffnete Männer aus Zaire (der heutigen Demokratischen Republik Kongo) über den Tanganjikasee gefahren und entführten vier weiße Studenten aus dem Lager. Jemand sagte, er habe unten am See Schüsse gehört. Man befürchtete daher, die Entführten seien bereits ermordet worden. Zu der quälenden Ungewissheit kam, dass außer den tansanischen Mitarbeitern alle Gombe verlassen mussten, und zwar ziemlich schnell. Die meisten zogen zu Derek nach Daressalam: Jane und Grub in seine Wohnung, die anderen ins Gästehaus. Jane bangte um die Opfer und erlebte die ungewisse Zeit des Wartens als Hölle.

Nach zwei langen Wochen schickten die Entführer einen der Studenten nach Kigoma. Sie forderten ein hohes Lösegeld und Waffen. Es gab Verhandlungen zwischen den Entführern und den Botschaften der Herkunftsländer der Studenten, die sich über zwei Monate hinzogen. Schließlich wurde das geforderte Lösegeld bezahlt und die Entführten kamen frei.

Weil Gombe nun als Risikogebiet galt, durften ausländische Studenten es ein paar Jahre lang nicht mehr betreten. Jane und ihre Mitarbeiter brauchten für jeden Besuch eine staatliche Genehmigung. Nur dank der Vermittlung von Derek konnte die Forschungsarbeit in Gombe weitergehen, wenn auch unter erschwerten Bedingungen.

10. Kapitel

Hoffnung auf Heilung

Als Grub neun Jahre alt wurde, sah Jane ein, dass der Unterricht, den er in Gombe erhielt, nicht ausreichend für ihn war. Schweren Herzens brachte sie ihn zu seiner Großmutter Vanne und zur Urgroßmutter Danny auf den Birkenhof. Dort lebte er fortan und besuchte eine englische Schule. Die Weihnachts- und Osterferien verbrachte Jane nun auf dem Birkenhof, im Sommer kam Grub zu ihr nach Tansania. Und wenn sich eine Gelegenheit ergab, traf der Junge seinen Vater.

Jane schrieb Aufsätze und mehrere Bücher, in denen sie von den Erfahrungen in Gombe berichtete. Der Ausgangspunkt für das Forschungsprojekt war ja folgender gewesen: Louis Leakey hatte sich von neuen Erkenntnissen über die Schimpansen Rückschlüsse auf das Verhalten der ersten Menschen erhofft. Wie ist der Mensch von Natur aus? Welche Verhaltensweisen sind in seinen Genen angelegt? Welches Verhalten ist also natürlich, welches erlernt?

Jane fasste es einmal so zusammen: „Da stehen wir nun, wir menschlichen Affen, halb Sünder und halb

Jane mit ihrem Sohn Grub

Heilige, und haben zwei gegensätzliche Neigungen aus grauer Vorzeit ererbt, die uns das eine Mal zur Gewalt treiben und das andere Mal zu Mitleid und Liebe. Sind wir für immer hin- und hergerissen zwischen Grausamkeit und Güte? Oder haben wir die Fähigkeit, diese Tendenzen unter Kontrolle zu bringen und die Richtung zu wählen, die wir einschlagen wollen?“

Solche Fragen beschäftigten in den 1970er-Jahren nicht nur Jane, sondern viele Menschen in der Wissenschaft, vor allem im Erziehungsbereich. Die Vertreter der Erblichkeitstheorie fühlten sich durch Janes Berichte über die Schimpansenkämpfe in Gombe bestätigt: Aggressives Verhalten liege in der Natur unserer nächsten Verwandten und folglich auch in der Natur des Menschen. Deswegen werde es immer wieder zu Auseinandersetzungen und Kriegen kommen, das sei unvermeidlich.

Dem widersprachen die Anhänger der Milieutheorie, die den Umwelteinflüssen eine große Bedeutung für die Entwicklung zuschrieben. Man sehe schon bei den Schimpansen erstaunliche soziale und emotionale Verhaltensweisen. Für gewöhnlich würden sie sich umeinander kümmern und liebevoll miteinander umgehen. Da der Mensch viel mehr Verstand und ein soziales Gewissen habe, könne man durch eine entsprechende Erziehung erreichen, dass er sich noch sozialer und friedlicher verhalte als die Schimpansen.

Jane neigte der Milieutheorie zu. Sie hatte selbst beobachtet, wie Schimpansen Konflikte friedlich lösen – wenn es sich nicht gerade um Revierkämpfe handelt. „Die Schimpansen halten sich tatsächlich meistens an Dannys Lieblingsbibelspruch: Sie ließen kaum jemals die Sonne über ihrem Zorn untergehen", schrieb sie. „Wenn schon Schimpansen ihre aggressiven Neigungen unter Kontrolle bringen und in einer Situation, die aus dem Ruder zu laufen droht, Spannungen abbauen können, dachte ich, müssen wir das doch auch können. Hierin liegt vielleicht die Hoffnung für unsere Zukunft begründet: dass wir wirklich die Fähigkeit besitzen, uns über unser genetisches Erbe zu erheben." Diese Botschaft versuchte sie zunehmend durch Vorträge in der ganzen Welt zu verbreiten.

Weil die Arbeit immer mehr wurde und kaum noch zu bewältigen war, beriet Jane mit ihrem Mann, wie sie das Problem lösen könnte. Schließlich gründete sie 1977 das *Jane Goodall Institut (JGI)*, um die Arbeit in Gombe auch in Zukunft fortzuführen. Die Hauptziele dieses Instituts waren und sind es, die Lebensbedingungen von Schimpansen und anderen Primaten zu verbessern und den respektvollen Umgang mit Menschen, Tieren und der Natur zu fördern.

Nachdem die Finanzierung des Instituts gesichert war, schienen die schwierigen Jahre endlich hinter Jane zu liegen. Doch dann klagte Derek immer häufiger über starke Bauchschmerzen. Im September 1979 ging er zu seinem Arzt in Daressalam. Der entdeckte ein Geschwulst im Bauch. Jane befürchtete sofort, es könnte Krebs sein. So schnell wie möglich flogen sie nach London, wo Derek von einem Spezialisten untersucht wurde.

„Ja, Sie haben einen Tumor im Dickdarm", sagte der Arzt. „Aber das ist eine einfache Operation. Ein hoher Prozentsatz der Patienten erholt sich vollständig wieder davon. Ich glaube, Sie brauchen sich keine großen Sorgen zu machen."

Derek und Jane waren unsagbar erleichtert. Sie verbrachten ein paar schöne Tage auf dem Birkenhof und freuten sich am Leben.

Dann fuhren sie wieder nach London, wo Derek operiert wurde. Jane solle in drei Stunden zurückkommen, hieß es. Doch nach den drei Stunden war das quälende Warten nicht vorbei. Irgendwann erschien eine Krankenschwester und sagte, die Operation dauere länger als gedacht. Also ging das Warten weiter. Als Derek nach Stunden endlich aus dem OP-Bereich gefahren wurde, erkannte Jane ihn kaum wieder, wegen der vielen Schläuche, die aus ihm herauskamen.

Später nahm der Arzt Jane beiseite und sagte: „Ich fürchte, ich habe mich geirrt. Es besteht keine Hoffnung. Er hat überall Metastasen in seinem Innern. Ihm bleiben vielleicht drei Monate, wenn überhaupt. Das können wir ihm aber noch nicht sagen, denn wir wollen den Leuten keinen Schlag versetzen, wenn sie ohnehin geschwächt sind."

Jane war wie gelähmt von dieser Nachricht und lange Zeit unfähig, sich zu bewegen. Schließlich machte sie sich wie eine Schlafwandlerin auf den Weg zu Dereks Schwägerin Pam Bryceson, wo sie damals wohnte. Zunächst sagte sie niemandem außer Pam etwas von Dereks Zustand. Erst nach ein paar Tagen bat sie ihre Mutter, nach London zu kommen, rief die Familie zusammen und teilte ihnen die Neuigkeit mit.

Für Vanne kam Aufgeben nicht infrage. Sie schlug vor, es mit alternativen Heilmethoden zu versuchen. Doch kein Homöopath und kein Heiler konnte Derek helfen. Da erfuhr Vanne von einer Freundin, dass es in Hannover eine Klinik gab, in der sie scheinbar aussichtslose Krebsfälle behandelten. Jane griff wie eine Ertrinkende nach dem Strohhalm. Sie setzte sich dafür ein, dass ihr Mann dort aufgenommen wurde, und erreichte ihr Ziel. Erst dann sagte sie ihm die Wahrheit über seine Krankheit.

Gleich am Tag nach seiner Entlassung aus dem Londoner Krankenhaus flogen Derek und Jane nach Hannover. Sie verbrachten die meiste Zeit in der Klinik zusammen. Und weil sich Dereks Zustand besserte, glaubten beide an eine Heilung. Derek begann sogar, an seiner Autobiografie zu arbeiten, und Jane tippte sie auf der Schreibmaschine ab.

Doch dann ging es Derek wieder schlechter. Er bekam Morphium, um die starken Schmerzen zu ertragen. Jane litt mit ihrem Mann, dem sie noch nie so nah gewesen war wie in dieser schweren Zeit. Sie hoffte und betete jeden Tag für ihn. Aber auch die Ärzte in Hannover konnten Derek nicht retten.

Nach Dereks Tod blieb Jane noch eine Woche auf dem Birkenhof, dann kehrte sie nach Gombe zurück. Sechs Monate war sie weg gewesen, so lange wie niemals zuvor. Nun hoffte sie, im Urwald Heilung und Kraft zu finden. Sie war zuversichtlich, dass der Kontakt mit den Schimpansen ihr helfen würde, ihre Trauer zu überwinden.

11. Kapitel

Neue Wege

„Die Zeit, die ich in den Wäldern zubrachte, während ich den Schimpansen folgte, sie beobachtete oder einfach nur bei ihnen war, hat mir immer im Innersten wohlgetan. Und so war es auch jetzt“, stellte Jane fest.

Doch sie zog nach Dereks Tod nicht bloß durch die Wälder in Gombe. Regelmäßig reiste sie durch die Welt, hielt Vorträge und sammelte Spenden für ihr Institut. Bei einer dieser Vortragsreisen durch die USA übernachtete Jane in einem Hotel im texanischen Dallas. Dort sprach sie am Abend ein junger Mann an: „Entschuldigen Sie bitte, sind Sie nicht Jane Goodall?“

„Ja, die bin ich.“

Der junge Mann war ein Fan von Jane. „Ich habe Ihre Bücher gelesen und Ihre Filme über die Schimpansen von Gombe gesehen.“

Jane lächelte. „Das freut mich.“

„Darf ich Sie etwas fragen?“

„Gerne.“

„Ich finde ganz toll, was Sie in Gombe machen. Aber Sie schreiben und sprechen immer von Evolution. Gleichzeitig lese und höre ich aus Ihren Werken heraus, dass Sie ein religiöser Mensch sind. Glauben Sie an Gott? Und wenn ja, wie können Sie Ihren Glauben mit der Evolutionstheorie vereinbaren?“

An der Art, wie der junge Mann redete, spürte Jane sein ehrliches Interesse. Deswegen erläuterte sie ihm in einem längeren Gespräch, warum es für sie kein Widerspruch sei, die Evolutionstheorie für richtig zu halten und zugleich an Gott zu glauben. Neben der wissenschaftlichen Sichtweise gebe es noch eine zweite, die man die spirituelle oder religiöse Sichtweise nennen könne. Und die sei nicht weniger ernst zu nehmen.

Zum Schluss sagte Jane: „Im Grunde spielt es doch keine Rolle, wie wir Menschen zu dem geworden sind, was wir sind, ob durch die Evolution oder durch Erschaffung. Wichtig, lebenswichtig ist nur unsere zukünftige Entwicklung. Ob wir weiterhin Gottes Schöpfung zerstören, einander bekämpfen und andere Geschöpfe quälen. Oder ob wir Wege finden, in Einklang miteinander und mit der Natur zu leben. Allein das ist wichtig. Nicht bloß für die Zukunft der Menschheit, sondern auch für Sie persönlich. Sie müssen für sich eine Entscheidung treffen – so wie alle unsere Mitmenschen eine Entscheidung treffen müssen.“

Der junge Mann schaute Jane lächelnd an und nickte. „Danke, dass Sie sich die Zeit genommen haben, mir zu antworten! Ich habe Sie verstanden, vielen Dank!“

Die Botschaft, die sie diesem jungen Mann auf seinen Lebensweg mitgab, beschäftigte auch Jane selbst immer mehr. Reichte es, was sie in Gombe über die Schimpansen herausgefunden hatte und seit Jahren überall verbreitete? Oder sollte sie neue Wege gehen?

Und noch eine Frage trieb sie um: War sie eine schlechte Mutter, weil sie im afrikanischen Urwald lebte oder in der Welt herumflog, statt bei ihrem Sohn zu sein? Zwar verbrachte sie möglichst viel Zeit mit Grub – in ihren Augen allerdings zu wenig. Dass sie Grub bei Oma Vanne gut aufgehoben wusste, war ein kleiner Trost. Trotzdem meldete sich ihr schlechtes Gewissen immer wieder.

Bevor Jane endgültig über neue Wege nachdenken und entscheiden konnte, wollte sie noch das Buch fertig schreiben, das ihr wichtigstes werden sollte: *The Chimpanzees of Gombe.* Dafür musste sie nicht nur ihre Erkenntnisse in eine verständliche Form bringen, sondern auch vieles lernen, was Biologen normalerweise schon während ihres Studiums erfahren. „Bevor ich diesen Wissensstand erreicht hatte, war mir immer unbehaglich zumute gewesen, wenn ich mit ‚richtigen‘

Wissenschaftlern gesprochen hatte", gestand sie später. Mit dem neuen Buch wollte Jane auch jene von ihrer Arbeit überzeugen, die sie früher als „Covergirl des *National Geographic*-Magazins" bezeichnet und nicht ernst genommen hatten. Mit rund sechshundertfünfzig Seiten Umfang erschien es schließlich 1986 in dem angesehenen Verlag der Harvard Universität.

Dr. Paul Heltne, Direktor der Akademie der Wissenschaften in Chicago, schlug Jane und dem Verlag vor, das Buch auf einer großen Konferenz über Schimpansen zu präsentieren. Zu dieser Konferenz werde er alle Wissenschaftler einladen, die das Leben von Schimpansen erforschen, sei es in freier Wildbahn oder in Gefangenschaft. Jane freute sich sehr über das Angebot und sah darin eine Anerkennung ihrer Arbeit.

Die Konferenz dauerte vier Tage. Es gab interessante Vorträge und Gesprächskreise, in denen die neuesten Erkenntnisse über das Leben der Schimpansen diskutiert wurden. Zwei der Vorträge machten Jane betroffen, ja schockierten sie geradezu.

In einem Vortrag über Natur- und Artenschutz erfuhr sie, wie sehr die Schimpansen bedroht waren. Um 1900 hatten in fünfundzwanzig afrikanischen Staaten noch etwa zwei Millionen in freier Natur gelebt. Nur achtzig Jahre später waren sie in zwanzig dieser Staaten schon weitgehend ausgestorben. Insgesamt gab es nicht einmal mehr 150 000 Schimpansen in Afrika. Und auch ihnen wurde zunehmend der Lebensraum genommen, weil die Menschen ganze Wälder rodeten, um mit dem Holz Geld zu verdienen. Die Flächen wurden nicht wieder aufgeforstet, sondern als Ackerland verwendet.

Als ob das für die Schimpansen – und für alle anderen Tiere im Urwald – nicht schon schlimm genug gewesen wäre, jagte man sie auch noch. Und zwar aus zwei Gründen: Die einen wurden getötet, um mit ihrem Fleisch zu handeln. Die anderen fing man lebend und verkaufte sie, zum großen Teil für medizinische Versuche.

Mit der Situation von Schimpansen in Versuchs- und Forschungslaboren in aller Welt beschäftigte sich der zweite Vortrag, der Jane aufrüttelte. Sie erfuhr, unter welch unwürdigen Bedingungen die meisten Tiere gehalten wurden: in engen Käfigen, ohne eine Möglichkeit, sich zu beschäftigen, zu spielen und Artgenossen zu begegnen, ohne Bewegung an der frischen Luft.

„Was ich da hörte, entsetzte mich im Innersten und weckte den brennenden Wunsch in mir, etwas dagegen zu tun“, notierte Jane später.

Fünfundzwanzig Jahre lang hatte sie mit ihren Schimpansen in Gombe gelebt, hatte sie begleitet, ihnen Namen gegeben, sie mit all ihren Eigenheiten geachtet und als Geschöpfe Gottes respektiert. David Greybeard, Goliath und Flo waren ihr wie Brüder und Schwestern ans Herz gewachsen. Davon, was anderswo in Afrika und in den Laboren weltweit mit Schimpansen geschah, hatte sie nicht viel mitbekommen.

Durch diese Konferenz änderte sich das radikal. Was sie dort hörte, hatte Einfluss auf Janes Lebenseinstellung: „Als ich in Chicago ankam, war ich noch Forscherin und hatte vor, einen zweiten Band über die Schimpansen von Gombe zu schreiben. Beim Abschied hatte ich mich in meinem Herzen bereits dem Natur- und Artenschutz und der Öffentlichkeitsarbeit verpflichtet", fasste Jane das Ergebnis der Konferenz in Chicago für sich zusammen.

12. Kapitel

Kämpferin für Naturschutz

Obwohl Jane sich am wohlsten fühlte, wenn sie in den Wäldern von Gombe bei ihren Schimpansen war, beließ sie es nach der Konferenz in Chicago nicht bei Worten. Im Alter von zweiundfünfzig Jahren änderte sie ihr Leben wieder einmal grundlegend. Vor der Veröffentlichung von *The Chimpanzees of Gombe* und der Konferenz hätte sie sich das noch nicht getraut. Doch die Anerkennung für ihr Buch und ihre Arbeit, die sie in Chicago von ihren Kollegen erhalten hatte, stärkte ihr Selbstvertrauen. Von nun an besuchte sie so viele Forschungslabore wie möglich. Nicht immer war sie willkommen, aber ihre zunehmende Bekanntheit öffnete ihr manche Tür. Und so sah sie mit eigenen Augen, wie die Schimpansen gehalten wurden.

Bei einem dieser Besuche, in einem staatlich finanzierten Labor in Maryland / USA, sah sie etliche Schimpansenjunge in kleinen Käfigen hocken, in denen sie sich kaum bewegen konnten – und war erschüttert. Im anschließenden Gespräch mit Wissenschaftlern und Mitarbeitern sagte sie: „Ich glaube, Sie alle wissen, was ich dort unten empfunden habe. Und da Sie alle anständige, mitfühlende Menschen sind, nehme ich an, dass Sie ähnlich empfinden.“

Die Blicke der Anwesenden senkten sich. Spontan erzählte Jane vom Leben der Schimpansen in der Wildnis, vom behüteten Aufwachsen in der Familie, von den besonderen Eigenschaften und Fähigkeiten, die jeden Schimpansen zu einem einmaligen Individuum machten – genau wie die Menschen. Sie wolle zwar nicht behaupten, Schimpansen würden fühlen wie Menschen – obwohl es Hinweise dafür gebe –, aber sie wisse, dass Schimpansenjunge das gleiche Bedürfnis nach Zuwendung und Körperkontakt hätten wie Menschenkinder.

Etwas später traf Jane in New York zum ersten Mal einen erwachsenen Schimpansen in einem Labor. Er wurde JoJo genannt und lebte seit mindestens zehn Jahren allein in einem 1,50 Meter langen, 1,50 Meter breiten und 2,10 Meter hohen Käfig. Darin befand sich nichts außer einem alten Autoreifen. Und JoJo hatte keinen Kontakt zu anderen Tieren.

Als Jane bei ihrem Rundgang stehen blieb, streckte JoJo eine Hand durch die Gitterstäbe. Sie redete leise mit ihm und er berührte sanft ihre Wangen, über die Tränen liefen. In diesem Moment schämte sich Jane, ein Mensch zu sein.

Gemeinsam mit Medizinern, Biologen, Verhaltensforschern und Laborangestellten erarbeitete sie Vor-

Eingesperrter Schimpanse

schläge, wie die Lebensbedingungen von Schimpansen in Laboren verbessert werden könnten. Diese Empfehlungen wurden dem amerikanischen Landwirtschaftsministerium übergeben, fanden dort aber nur wenig Beachtung.

Doch dadurch ließ sich Jane nicht entmutigen. Auch nicht durch Kritik an ihren Vorstellungen und den Vorwurf, sie sei naiv. Wenn man Schimpansen in Laboren so halten würde, wie sie es vorschlage, wäre das viel zu teuer und triebe die Kosten in die Höhe, hieß es. Dann könnten wichtige Forschungen nicht mehr durchgeführt und Krankheiten nicht geheilt werden. Das wolle sie ja wohl nicht.

Nein, das wollte Jane natürlich nicht, aber für sie war das kein Entweder-oder. Wenn Wissenschaftler Experimente mit Schimpansen für notwendig hielten, um Medikamente für Menschen zu entwickeln, sollten sie die Tiere schon aus Ehrfurcht und Dankbarkeit anständig behandeln. Und die Nutznießer der Medikamente sollten bereit sein, dafür etwas mehr Geld zu bezahlen.

Jane setzte sich nicht nur für Schimpansen in Laboren ein, sondern auch für diejenigen, die in zoologischen Gärten alles andere als artgerecht gehalten wurden. Sie hatte nämlich ihren Schwur, den sie damals im Londoner Zoo getan hatte, nicht vergessen. Jane erzählte den Leitern und den Mitarbeitern von Zoos weltweit vom Leben der Schimpansen in der Wildnis, davon, was sie brauchen, was ihnen guttut und was ihnen schadet.

Zwar reiste Jane seit langer Zeit zu Vorträgen rund um den Globus, aber das war nichts im Vergleich zu dem Tempo, das sie inzwischen anschlug: Etwa dreihundert Tage im Jahr war sie nun unterwegs.

Gombe und den Birkenhof besuchte sie nur noch selten, und dann höchstens für zwei Wochen. Als sie einmal nach ihrem Zuhause gefragt wurde, antwortete sie: „Das Flugzeug."

Ihr unermüdlicher Einsatz für Schimpansen und immer mehr auch für andere Tiere, die nicht artgerecht gehalten wurden, brachte Jane viel Anerkennung ein. 1990 wurde sie mit dem *Kyoto-Preis* geehrt. Er wird für herausragende Leistungen in Wissenschaft und Kunst vergeben und ist neben dem Nobelpreis eine der bedeu-

Jane hält einen Vortrag an der Universität von Maryland / USA, Oktober 2022

tendsten Auszeichnungen weltweit. Diesem Preis folgten weitere Würdigungen und mehrere Universitäten verliehen ihr den Ehrendoktortitel.

Weil Jane große Hoffnungen in junge Menschen setzte, schrieb sie auch Bücher für diese. Damit versuchte sie, schon Kinder zu einem liebevolleren Umgang mit unseren nächsten Verwandten zu bewegen.

Auf ihren Reisen um die ganze Welt begegnete Jane vielen jungen Menschen, die angesichts der Probleme in ihren Gemeinden bedrückt waren. In Daressalam wurde sie von einer Gruppe Studenten gefragt, was sie tun würde, um zu helfen. Jane ermutigte die Studenten, selbst Lösungen für ihre Probleme zu entwickeln. Zusammen mit zwölf Schülern gründete sie 1991 das Projekt *Roots & Shoots* (deutsch: Wurzeln und Sprösslinge). Zu dem Namen sagte sie: „Wurzeln sprießen überall unter der Erde und formen einen festen Boden. Pflanzensprösslinge scheinen sehr zart zu sein, aber um das Licht zu erreichen, können sie Mauern durchbrechen. Stellt euch vor, dass diese Mauern all die Probleme darstellen, die wir unserem Planeten auferlegen. Hunderte und Tausende junger Wurzeln und Sprösslinge auf der gesamten Welt können diese Mauern durchbrechen, um unsere Welt zu verbessern."

Mit *Roots & Shoots* wollte Jane nah an junge Menschen und ihre Lebenswirklichkeit heran. Sie sollten ermutigt werden, durch selbst gewählte Projekte und Aktionen im eigenen Umfeld etwas zu verändern. Dabei werden sie bis heute vom *Jane Goodall Institut* unterstützt. Ziel war und ist es, Kindern und Jugendlichen zu helfen, mehr über die Probleme in ihren Gemeinden, in ihrer konkreten Umwelt zu erfahren und zu deren Lösung beizutragen.

Jane hat sich im Lauf der Zeit vom „Schimpansenmädchen" zur Kämpferin für Natur- und Umweltschutz entwickelt. Denn ohne eine gesunde Erde können weder Schimpansen und andere Tiere noch Menschen gesund leben.

Jane hörte oft, es sei nicht mehr „fünf vor zwölf", sondern bereits „deutlich nach zwölf". Vor allem die Menschen in den reichen Ländern hätten mit ihrer Art zu produzieren und zu leben den Planeten so geschädigt, dass es schon zu spät zur Umkehr sei.

Früher hat Jane dieser Sichtweise deutlich widersprochen und gesagt, es gebe noch Hoffnung. Heute ist sie etwas vorsichtiger. „Ich habe immer behauptet, dass es Grund zur Hoffnung gibt, *wenn* … Und das ‚wenn' ist, wenn wir rechtzeitig zusammenkommen und anfangen, den Schmerz zu heilen, den die Menschen der Welt zugefügt haben. Das Zeitfenster, in dem wir die Möglichkeit haben, unsere destruktiven Verhaltensweisen zu ändern, schließt sich", sagte sie in einem Interview mit der Zeitschrift *Vogue* im Jahr 2020. Dass möglichst viele Menschen sich der ernsten Lage bewusst werden und ihr „destruktives Verhalten" ändern, dafür arbeitet Jane noch heute unermüdlich.

Im September 2022 erklärte sie in einem langen Gespräch mit dem deutschen Philosophen Richard David Precht die Gründe für ihren Optimismus: „Obwohl in den Medien viel von Umweltzerstörung und Artensterben die Rede ist, treffe ich überall auf der Welt viele tolle Menschen, die erstaunliche Projekte durchführen. Ich habe mit eigenen Augen gesehen, wie widerstandsfähig die Natur ist, wenn man ihr eine Chance gibt und sie sich wieder erholt. Ich habe Menschen und Projekte kennengelernt, die stark bedrohten Arten eine zweite Chance geben."

Jane pflanzt einen Baum in Budapest / Ungarn, August 2019

Noch haben wir Jane zufolge die Möglichkeit, unserer Erde und allen Lebewesen auf ihr zu helfen. Aber wenn wir ihr wirklich helfen wollen, dann – so meint sie – „müssen wir aufhören, es ‚den anderen' zu überlassen, all die Probleme zu lösen. *Wir* sind es, die die Welt von morgen retten können: du und ich."

Oder wie Jane es in dem Gespräch mit Precht zum Schluss formulierte: „Das Letzte, das ich allen, die zuhören und zuschauen, mit auf den Weg geben möchte, ist, sich daran zu erinnern, dass jeder Einzelne jeden Tag etwas bewirken kann. Man mag sich hilflos und hoffnungslos fühlen, aber ganz ehrlich: Wenn man anfängt, ethisch zu handeln und auf eine Weise zu helfen, die einem am Herzen liegt, dann wird jeder sehen, dass man tatsächlich etwas bewirken kann. Das gibt einem ein gutes Gefühl. Und wenn man sich gut fühlt, will man noch mehr tun, weil man sich besser fühlen will. Es verändert sich unglaublich viel, wenn die Menschen erkennen, dass sie wirklich gebraucht werden."

Quellenverzeichnis

Dieses Buch schildert das Leben Jane Goodalls auf der Basis der unten aufgeführten Quellen. Einzelne Details, Szenen und Gespräche wurden für diesen biografischen Roman ausgestaltet.

Jane Goodall und Phillip Berman: Grund zur Hoffnung. Autobiografie, Riemann, München 1999

Jane Goodall: Mein Leben für Tiere und Natur. 50 Jahre in Gombe, Bassermann, München 2010

Jane Goodall: Ein Herz für Schimpansen. Meine 30 Jahre am Gombe-Strom, Rowohlt Taschenbuch, Hamburg 2020

Jane Goodall: Wilde Schimpansen. Verhaltensforschung am Gombe-Strom, Rowohlt Taschenbuch, Hamburg 2020

Jane Goodall und Douglas Abrams: Das Buch der Hoffnung, Goldmann, München 2021

Ulrike Beckmann: Tansania – Auf den Spuren Jane Goodalls. Ein Reisebericht, Canimos, Backnang 2019

ZDF-Sendung „Precht" vom 18. 09. 2022: Das Herrentier: Herkunft und Zukunft der Menschheit. Richard David Precht im Gespräch mit Jane Goodall

Glossar

Bournemouth: Stadt an der englischen Südküste, etwa hundertsiebzig Kilometer südwestlich von London, Jane Goodalls Heimatstadt

Cambridge: englische Universitätsstadt, etwa achtzig Kilometer nordöstlich von London

Chicago: Stadt in den USA am Südwestufer des Michigansees im Bundesstaat Illinois

destruktiv: zerstörerisch

ethisch: moralisch, sittlich

Evolution: Darunter versteht man die Entwicklung von Lebewesen und anderen organischen Strukturen (z. B. Viren), die sich allmählich durch eine Veränderung der vererbbaren Merkmale von Generation zu Generation vollzieht.

Evolutionstheorie: So werden wissenschaftliche Theorien (Denkansätze) bezeichnet, die den Prozess der Evolution beschreiben. Die bekannteste Evolutionstheorie stammt von Charles Darwin („Über die Entstehung der Arten“).

Fossilien: Dabei handelt es sich um Überreste von Tieren oder Pflanzen aus frühen Epochen der Erdgeschichte, die bis heute als Abdruck oder Versteinerung erhalten geblieben sind. Das dazugehörige Adjektiv *fossil* bedeutet *urzeitlich, als Versteinerung erhalten.*

Homöopath: Homöopathie (von altgriechisch *homóios*, deutsch *gleich*, und *páthos*, deutsch *Leid*) ist eine Heilmethode. Sie beruht auf dem Ähnlichkeitsprinzip, d. h. zur Behandlung von Krankheiten werden Arzneimittel eingesetzt, die in größerer Menge bei Gesunden ähnliche Anzeichen hervorrufen. Ein Homöopath ist ein Arzt, der Homöopathie anwendet.

Horde: So nennt man eine organisierte Gruppe von Säugetieren (z. B. Affen), die sich einen Lebensraum teilen.

Kigoma: Hafenstadt am **Tanganjikasee**

Kikuyu: Die ethnische Gruppe der Kikuyu lebt im ostafrikanischen Kenia und umfasst etwa acht Millionen Menschen, womit sie die größte Bevölkerungsgruppe Kenias bildet.

Kilimandscharo: Bergmassiv im Nordosten Tansanias, darunter der höchste Gipfel Afrikas (Kibo mit 5895 Meter Höhe)

Kolonie: So bezeichnet man Gebiete, die von fremden, insbesondere europäischen Staaten in Besitz genommen wurden. Diese wollten z. B. an wertvolle Rohstoffe wie Gold oder Edelsteine in Ländern anderer Erdteile gelangen. Die Kolonien verloren ihre Eigenständigkeit und wurden von den fremden Staaten unterdrückt.

Metastasen: Tumore, die sich durch die Verschleppung von kranken Zellen z. B. über das Blut an einer vom Ursprungsort der Krankheit entfernten Körperstelle bilden

Missionar: Ein Missionar ist eine Person, die Menschen anderer Religionen vom Übertritt zur eigenen Glaubensgemeinschaft (oft das Christentum) überzeugen will.

Mombasa: zweitgrößte Stadt in Kenia und wichtigste Hafenstadt Ostafrikas

Nairobi: Hauptstadt Kenias

Naturreservat: Naturschutzgebiet

Paläoanthropologe: Paläoanthropologen (von altgriechisch *palaiós*, deutsch *alt*, *ánthrōpos*, deutsch *Mensch*, und *lógos*, deutsch *Lehre*) befassen sich mit der Stammesgeschichte des Menschen, mit seiner Entstehung und Entwicklung.

Primaten: Diese Ordnung der Säugetiere umfasst Menschen, Affen und Halbaffen.

Revier: So nennt man ein begrenztes Gebiet, das von einem Tier oder einer Gruppe von Tieren in Anspruch genommen und gegen Artgenossen oder andere Konkurrenten verteidigt wird.

Sahara: Wüste in Nordafrika, größte Trockenwüste der Erde

Serengeti: Savanne (Graslandschaft), die sich vom Norden Tansanias bis in den Süden Kenias erstreckt und eine Fläche von etwa 30 000 Kilometern umfasst

spirituell: geistig, den Bereich unmittelbarer Sinneserfahrung überschreitend

Sprösslinge: So wurden früher junge Gewächse, Keime oder Zweige bezeichnet, besonders junge Zweige oder Sprosse von Bäumen.

Tanganjikasee: zweitgrößter See in Afrika und sechstgrößter sowie zweittiefster See der Erde, liegt in den Staaten Demokratische Republik Kongo, Tansania, Sambia und Burundi

Termiten: Termiten sind Staaten bildende Insekten, die Schaben ähnlich sind und in warmen Erdregionen wie Afrika leben.

Tumor: krankhafte Schwellung von Gewebe, Geschwulst